ソフトウェア
テスト技法ドリル

第2版

テスト設計の考え方と実際

秋山浩一 [著]

日科技連

改訂にあたって

本書が出版されてから、早いもので 10 年以上も経ちました。その間に思いもかけぬほどの多くの方々に「ドリル本で勉強会をしました」と声をかけていただいたことを大変うれしく思います。

大変うれしいと思う一方で、本書で取り扱った例題やキャプチャー画面が古くなっていたり、リンク先のウェブページが既になくなっていたりすることを読者に申し訳ないと思っていました。

また、JSTQB（ソフトウェアテスト技術者資格認定）では 2016 年から Advanced Level テストアナリスト（ALTA）の資格の認定を始めています。その試験ではソフトウェアテスト技法のスキルを評価しています。本書を用いてテスト技法の勉強をされる方もいらっしゃると聞き、ますます改訂の必要性を感じていました。

そのようななか、本書を一緒につくった編集の鈴木兄宏氏から「時代に合わせて改訂するなり、新しい本にするなりしていかないとならないのでは？」と、お声がけをいただきました。

改訂版をつくるのなら、章末の練習問題を新しくし、クラシフィケーションツリー技法の説明を追加し、GIHOZ の紹介をしようと欲張った関係で、改訂に 1 年近くもかかってしまいました。

改訂に際して、大変有益なレビューをしていただいた井芹洋輝氏に感謝します。また、改訂のきっかけをくださったのみならず、今回も編集をしてくださった日科技連出版社の鈴木兄宏氏に感謝します。本書がソフトウェアテストを行う人の役に立ちますように願います。

2022 年 9 月

秋　山　浩　一

まえがき

　本書は、配属されて間もない、テスト技術者の卵から、実際にテスト設計を何度かしたことがあり本も数冊読んで勉強した中級テスト技術者で「もっとテストが上手になりたい！」と思っている人を対象としています。

　また、TDD（Test-driven Development：テスト駆動開発）を行い、テスト用のプログラムを先に書くという習慣がついているソフトウェア開発者の人で、さらに効果的なテストケースを書いて、TDD を開発のためだけでなくその後の保守フェーズにおいても活用していきたいと考えている人にとっても参考になるようにとの想いで執筆しました。

　筆者は、2007 年 7 月に『ソフトウェアテスト HAYST 法 入門』という本を書きました。それは、直交表を使ったソフトウェア組合せテストについて解説した本です。同書は、広く読まれたばかりではなく、私が知っているだけでもJaSST'08 九州における安部田章氏の発表をはじめとし、5 つの HAYST 法を自動化するためのツールが開発され、2010 年度の品質工学研究発表大会では坂本秀樹氏から適用効果も出ているとのうれしい報告がありました。

　しかし、その一方で各社にお邪魔し、現場の人の声に耳を傾けると「HAYST 法をしたらバグがなくなるのですか？」という誤解や、「実は、HAYST 法以前の話で困っています。同値分割法と境界値分析くらいは使っていますがそのほかのテスト技法になると勉強しただけで使っていないのです」という話をよく聞きました。

　残念ながら、HAYST 法は"銀の弾丸"ではありません。たしかに強力な技法ですが、ほかのテスト技法が HAYST 法によって不要になったわけではありません。むしろ、HAYST 法のテスト技法としての位置づけを明確にして、他のテスト技法と効果的に組み合わせて使っていく必要があります。

　そこで、誰が読んでも理解でき、また、すぐに実践できることを目標にソフトウェアテスト技法を一連の流れで説明した本を書きたくなりました。一連の流れとは、テストの視点・観点といった「点に注意を向ける」といった話から、テストの目的の一つである品質に関する情報を提供する「多次元の品質」までです。少しずつ難しいテスト技法を紹介することで気がついたらテストがうまくなっていたという姿を目指しています。

　本書で述べたことは、例えば Boris Beizer の『ソフトウェアテスト技法』を読めば書いてあることが大半です。しかし、同書を読むにはかなり専門的な知識が必要で初級者には敷居の高いものでした。それから、欧米のテスト技術だけではなく、日本人が考えたテストの技法についても、紹介したいという気持ちもありました。

　また、テストの効率を上げるために開発されたツールが自由に使えるようにと、インターネット上に公開されているのですが、それらについても紹介し現場ですぐに活用ができるように丁寧に解説したつもりです。

　本書がソフトウェアテスト設計を実施する必要がある多くのテストエンジニアや開発者の一助になれば幸いです。

　本書を書くにあたり、多くの人に助けていただきました。松尾谷徹氏には、同氏が開発し続けている CFD 法（Cause Flow Diagram）の解説を書くことを許可していただきました。そしてそればかりではなく、書いているうちに疑問となった点について質問させていただき、私の知らなかったポイントについてご教授いただきました。第 3 章の CFD 法の内容が濃くなっているのはそのためです。

　また、鈴木三紀夫氏には、同氏が考案した三色ボールペンによるテスト分析について記載した箇所についてレビューしていただきました。ここでも単なるレビューにとどまらず「私ならこう分析しますが……」と具体的にテスト分析をしてくださいました。その結果は本書に反映されています。

　テストツールについては、CEGTest を開発された加瀬正樹氏、PictMaster を開発された鶴巻敏郎氏、stateMatrix を開発された判谷貞彦氏からその紹介について快諾いただきました。これらのツールはいずれもテストの効率を上げるためになくてはならないものと考えています。

　特に、加瀬正樹氏には第3章の原稿をレビューしていただいた際に「XX という動作になるので注意しましょう」と私が書いた箇所について、原稿を直すのではなく CEGTest ツール自体を直してしまうという、思ってもみなかった対応をしていただき感動しました。

　それから、テストの考え方全般について、西康晴氏のアイデアが多く盛り込まれていることも述べておきたいと思います。テストを網羅性とピンポイントの視点で捉えることも西氏から教わりました。また、原稿全体をレビューしてくださった湯本剛氏にも感謝します。

　そして、現在、大学院でご指導いただいている古川善吾先生にもお礼を述べたいと思います。特に統計的テストの考え方と活用方法について、ご教授いただきました。

　日科技連出版社の鈴木兄宏氏にも感謝します。大幅に遅れている執筆を責めることなくフォローしてくださいました。本書が読みやすくなったのは鈴木氏のおかげです。

　最後に、本書の執筆中、さまざまな面で理解し、励まし、協力してくれた友人とそして家族に感謝します。

2010 年 8 月

秋　山　浩　一

本書の読み方

　本書は、第1章の「点に注意を向ける」から第6章の「多次元の品質」に向けて、点、線、面、立体、四次元、多次元と次元が一つずつ増えるように、徐々に複雑なテスト設計を行うためのテスト技法の解説がされています。

　したがって、基本的に順番に読み進めていただくと理解が進むように構成されています。しかし、特定の技法を参照したいというケースもあると思います。そこで、表1に各章とそこで取り扱うテスト技法についてまとめました。

　表1の技法に括弧がついているものは、ウェブからダウンロードし、使用できるツールの名前です（ライセンス条項については各ツールを参照ください）。また、ツールの使用方法については、本文に記載しましたので参考にしてください。いずれも、実際のテストの現場で有効にご使用いただけるものと考えています。

　それから、本書は例題を解きながら技法を学ぶ構成になっています。本文中の「例題」は、初めはそのまま読み進めていただいてかまいません。各章末にはその章で学習したテスト技法を使って解く演習問題がついています。こちらは、巻末の解答を見ずにじっくりと取り組んでください。簡単と思える問題にも思わぬ落とし穴があるかもしれません。

　なお、ソフトウェアテストは数学のように一つしか答えがないというわけではありません。そのソフトウェアの開発状況やお客様が求める品質レベルによってテストの内容も加減されます。したがって、本書の解答と自分が導いた答えが異なっていてもがっかりしないでください。解答例の一つと考え参考にし、何か新たな気づきが得られればそれで十分です。

　最後に、本書を持ち寄って勉強会を開いてワイワイやるのも楽しいと思いま

表1 各章で解説しているテスト技法

章	章タイトル／テストタイプ	使用している技法
1	《点に注意を向ける》 ピンポイントテスト	三色ボールペン 「間、対称、類推、外側」の視点 意地悪テスト 不具合モード エラー推測 探索的テスト
2	《線を意識する》 単機能テスト	同値分割法 境界値分析 負荷テスト
3	《面で逃さない》 論理組合せテスト	ドメイン分析テスト クラシフィケーションツリー技法 デシジョンテーブル 原因結果グラフ（CEGTest） CFD 法
4	《立体で捉える》 無則組合せテスト	HAYST 法（OA.xls） スライド法 ペアワイズ（PICT、PictMaster）
5	《時間を網羅する》 状態遷移テスト	状態遷移図（GIHOZ） 状態遷移表 N スイッチカバレッジ（stateMatrix） 並列処理テスト
6	《多次元の品質》 シナリオテスト ユーザー受け入れテスト 品質保証のテスト	テストの観点 シナリオテスト 例外シナリオ 受け入れテスト サンプリングテスト 探針テスト（QP.xls） 統計的テスト

す。いろいろな人の考えを聞くと自分が気づかなかった視点や観点が得られ、それだけでもテストが上手になります。

　それでは、頑張ってください。

ソフトウェアテスト技法ドリル第2版 目次

第1章　点に注意を向ける

第2章　線を意識する

第3章　面で逃さない

第**4**章　立体で捉える

第**5**章　時間を網羅する

第**6**章　多次元の品質

演習問題の解答について

　演習問題の解答は、日科技連出版社のウェブサイト(https://www.juse-p.co.jp/)からダウンロードできます。トップページ上部のタブ［ダウンロード］をクリックすると、検索画面が表示されますので、書名もしくは ISBN を入力してください。

注意事項

1. 演習問題の解答の著作権は、著者にあります。本資料を無断で使用することを禁じます。
2. 著者および出版社のいずれも、本資料をダウンロードしたことに伴い生じた損害について、責任を負うものではありません。

第 **1** 章

点に注意を向ける

　即ちすべてのデータを上手に使うこと、データを色々に変えてみること、対称の考えあるいは類推などがそれである。そのような点に注意をむける習慣がつけば問題をとく能力は一段と増す事であろう。

G. Polya（柿内賢信 翻訳）『いかにして問題をとくか』

ソフトウェアテスト技法をまったく知らなかったときのことを思い出してください。同値分割法も境界値分析もデシジョンテーブルも知らなかった配属して間もない頃のことを。先輩から仕様書を渡されて「これテストしておいてね！」と言われたら何から手をつけていたでしょうか？

　きっと仕様書を１枚ずつめくりながら順番に書かれている内容を確認するとともに、「ここ怪しいなぁ。バグがありそうだ」と感じたところを気のおもむくままに動作確認したのではないかと思います。

　一見、原始的なこの方法にもソフトウェアテストの基本となる重要な概念が２つ隠れています。それは**「網羅性」**と**「ピンポイント」**です。仕様書に書かれていることを順番に飛ばさずに確認することは、仕様書を網羅的にテストしていることになります。また、気のおもむくままに動作確認するということは、実はピンポイントで狙いを定めてテストすることを意味します。

　テストが上手か下手かは、網羅性をもったテストを作成し実施できるかどうか、また、うまくピンポイントで狙っていけるかにかかっています。テストに網羅性があるということは、「××といった種類のバグは１件も出ない」ということを保証できるということです。例えば、仕様書に書かれたことを一通り網羅的に実行したなら「仕様書に書かれていることそのものはバグなく、すべて動作する」ことを保証できます。ある基準を設けてその基準に対してテストするのですから、その基準については保証できるというわけです。

　一方で、部分的に複雑な確認をしたくなる場合があります。それは経験上、バグが潜んでいそうな気がするとか、こういう操作をしたらおかしくなるのではないだろうかと思う箇所です。テストが上手になってくると実によく当たるようになります。テストの工数を考えると、複雑な確認を全体に対して実施することはできませんからピンポイントで狙うこともとても重要なテクニックです。

　本書では、点・線・面・立体・四次元・多次元の順番で、単純な、しかし使用頻度が最も高いテクニックから、複雑なものまで順番に説明していきます。第１章では、「点」、すなわちピンポイントでテストをする方法を学びます。

1.1 ▶ ピンポイントテスト

ピンポイントテストとは狙い撃ちするテストのことです。何を狙うのかというとバグを狙うわけです。早速例題を解いてみましょう。

例題 1.1

以下の仕様の怪しい点を指摘しなさい。

数値 n を入力すると n の階乗(n!)を出力する。例えば、5 を入力すると、5! = 5×4×3×2×1 を計算し 120 を出力する。

一見すると、なんら疑問の余地がなさそうな仕様ですが、よく考えるといくつか怪しい点があります。

まず初めは、「数値 n」です。問題の文脈と n という記号から私たちは、「数値 n」のことを勝手に自然数(Natural number の n)と思い込んでしまいます。これは、一般に知られている階乗の定義が「1 から n までの自然数をすべて掛け合わせたもの」であることも後押ししています。

ところが、例えば Windows の電卓(関数電卓の表示に切り替えます)を使って実数である 3.5 の階乗を計算してみると

$$11.631728396567448929144224109426$$

という結果が出力されます。実は、世の中には一般的に知られている正の整数による階乗を実数まで拡張した定義も存在するのです(ガンマ関数と呼び、負の数の階乗も計算できます)。

また、仮に仕様に「階乗を計算できるのは正の整数である」と明記されていたとします。その場合でも階乗の計算において、0 の階乗が 1 と定義されていることを実装してあるか否かこの仕様書からは読み取れません。単純に実装した場合は、0! を入力したときに 1 ではなく 0 という間違った答えが返ってくるかもしれません。

次に、大きな数の階乗の問題があります。計算量的に大きな数の階乗の計算

には非常に時間がかかります。また、すぐに、巨大な数値となるため桁あふれを起こしてしまいます。20 の階乗ですら

2,432,902,008,176,640,000

です。計算結果が巨大となる場合の取扱いはどうなっているのか？　先に例として挙げた Windows の電卓で確認したところ、「要求した操作には長い時間がかかる可能性があります。計算を続行しますか、それともここで操作を中止しますか？」という確認メッセージが表示され、利用者に［続行］と［中止］の選択が可能となっていました。なお、Windows 11 の電卓では、3249 以上の階乗計算は「オーバーフロー」と表示されました。

(1)　怪しい箇所の認識

　さて、それではどうしたら「数値 n」の曖昧さ、「0!」の危険性、大きな数を与えられたときの桁あふれやパフォーマンスの問題に気がついてピンポイントにテストで狙うことができるようになるのでしょうか？　鈴木三紀夫氏は三色ボールペンを使って仕様書を読むことを勧めています。**仕様のチェックを仕様書が汚れることを恐れずに、三色ボールペンを用いて行うとよい**というのです。

　三色ボールペンの三色にはそれぞれ次の意味を割り当てます。

- 赤色…客観的に見て、最も重要な箇所
- 青色…客観的に見て、まぁ重要な箇所
- 緑色…主観的に見て、自分が怪しいと感じた箇所

　そして、カチッカチッとボールペンをノックしながら色を切り替えるのですが、その動作が同時に頭のスイッチを切り替えることになり、意識がリフレッシュされ、次の文章に集中できるという効果が表れます。

　本例題について、三色ボールペンを使ってみます。本当は、三色ボールペンは仕様書全体の読み込み時に威力を発揮するのですが、例題ですからそこには目をつぶってこの 1 行について試してみましょう。

　まず、何らかの色をつける候補になるのは、「数値 n」「入力」「階乗」「出

力」になります。

① 入出力

　何を入力とするのか、何を出力とするのか。つまり、入出力手段および入出力仕様がわからないので、ここが気になるのであれば、緑色のボールペンを使います。

　ただし、仕様書の表紙に「電卓の機能仕様書」と書いてあり、別のページに GUI の仕様が書いてあるなど、仕様の背景などが共有されている場合にはマークする必要はありません。

② 階乗

　「階乗」という文字にマークするのであれば、赤色を使います。本仕様で最も重要な部分、それはこの機能の核となる「階乗計算」部分です。「階乗した結果を求めたい」これがこの機能に対する要求ですから、計算結果が階乗でなくシグマ（Σ：等差数列の総和）になっていたら役に立たないのです。

　さて、「階乗」に赤色でマークをつけたら、次に設問自体ではなく「階乗」の近くの余白に、怪しいと思ったことを緑色で記入します。つまり、設問を読みながら、「階乗かぁ。数が大きくなるんだよなぁ」と頭の中でつぶやいたとしたら、そのつぶやきを余白に書きます。「大きな数字」と。

　この「大きな数字」は厳密にいえば、出力仕様で取り決めることなのかもしれません。しかし、三色ボールペンを使用する場合は、閃いた箇所でコメントを記入するというのが効果的な使い方になります。コメントの記入場所が適切かとか、本当にバグがあるかどうかはいったん脇へ置いておきます。たとえ、そのときに明確に問題点を指摘することができなくても、もう一度仕様書を読み直したときに、問題点に気がつけばよいのです。

　また、「大きな数字」から連想して「すごく小さな数字」と書くこともあるかもしれません。この時点の余白を見ると、

　　　　　「階乗」→「大きな数字」→「すごく小さな数字」

と書かれることになります。「大きな数字」に桁あふれをイメージしてい

るのであれば、

　　　　「階乗」→「大きな数字」→「すごく小さな数字」
　　　　　　　　　└「桁あふれ」

と書き足すこともあります。

　さらに、桁あふれからシフト演算を思い出し、

　　　　「階乗」→「大きな数字」→「すごく小さな数字」
　　　　　　　　　└「桁あふれ」←「シフト演算」←……

というように、さらに連想したことを書くかもしれません。

　もしも、階乗計算は時間がかかる、という知識をもっているのであれば、

　　　　　「階乗」→「応答時間」→「時間制限ある？」

と書くでしょう。

　仕様にまで踏み込んで、

　　　　「階乗」→「応答時間」→「時間制限ある？」
　　　　　　　　　　　　　　　　└「計算前にわかるとよい」

　さらに、

　　　　「階乗」→「応答時間」→「時間制限ある？」
　　　　　　　　↑　　　　　　　　└「計算前にわかるとよい」
　　　　巨大な入力数値

と書いてもよいでしょう。

③　数値 n

　厳密に、この色でなければならないというわけではありませんが、「数値 n」という文字にマークするのであれば、青色かもしれません。数値 n を見ながら、「n は自然数。とは限らない？……」と疑問に思ったならば、

　　　　「自然数？」

と緑色で書きます。

「自然数？」からゼロをイメージする人もいるでしょう。

「数値 n」→「自然数？」→「0(ゼロ)」

と書くかもしれません。自然数以外を書いておきたい人は、

「数値 n」→「自然数？」→「0(ゼロ)」
└→ 整数、実数

と書くと思います。このように、仕様を読みながら、疑問に思ったことを仕様書上に書き残すのが、三色ボールペンを活用した仕様書の読み方になります。

（2） 間、対称、類推、外側を考える

ときには、緑色にマークした部分について、怪しい気がするけれど何が怪しいかわからないという場合もあるでしょう。そのようなときには、例示することが役に立ちます。「数値 n」ではなく、「1」「2」「5」「100」と具体的なデータをいくつか書き出してみるのです。そして、例示したものに対してほかにバリエーションは考えられないかという視点で眺めてみます。

バリエーションを考えるとは、例示したデータとデータの「間を考える」こと、データの「対称を考える」こと、類推つまり「類似しているものを想像する」こと、例示したものの「外側を想像する」ことです。

例示で出したデータとデータの間に本当にデータはないだろうかと考えることで「1」と「2」から「1.5」が見つかります。そして、それを一般化することで実数が見つかるかも知れません。また、「5」の対称を考えることで「−5」や「1/5」が見つかり、負の数や分数（実数）に気がつくかも知れません。さらに、うまくいけば「100」の類推から「0」をテストしてみたくなるかも知れません。そして「1」「2」「5」「100」の外側を想像することで、数値の外側、つまり「もし、データが文字できたら？」とか、「数値ではあるが全角文字だったら？」といったことが見つかるかも知れません。

　これらは、最初のうちはうまくいかないことが多いものです。しかし、**例示したデータを見て、「間」「対称」「類推」「外側」を考える癖をつける**ことで徐々に成功体験が増え、テストがどんどん上手になっていきます。

　ここで重要なポイントがあります。それは考える順番です。例示したデータに対して「間」を考えることは、例示データのみに着目して行うことができます。次に「対称」は、例示したデータに軸足を置いて、もう片方の足の降ろし場所を探すことです。「類推」は、それらを意識したうえで例示から離れてテスト対象を眺めることであり、「外側」は、テスト対象から外や補集合を探すことです。視点を拡げていくためには、この順番で考える必要があります。余談ですが、三色ボールペンによる仕様チェック法を考案した鈴木氏は、「例示」「間」「対称」「類推」「外側」に「破壊」を加え、その一文字目の音をつなぎ、「そ・れ・は・あ・た・る」という語呂合せで覚えているとのことです。

(3)　意地悪条件を考える

　さて、それでは、もう一つの「大きな数の階乗の問題」はどうやって発見するのでしょうか。簡単にいうと、意地悪な条件を探すということです。このようなテストを意地悪テストといいます。「どういったデータを与えたらそのソフトウェアはたいへんな計算をしなくてはならなくなるだろう？」「どのような異常値・特異値があるだろう？」と考えます。ここで、異常値とは、ソフトウェアの入力可能範囲を超えた異常な値を意味します。また、特異値とは、0（ゼロ）などの特別な処理が行われる値のことをいいます。

　意地悪条件は、類推からも見つかります。類推は、仕様を簡単で既に知っているものにいったん抽象化して、それに対して過去のトラブル経験を探すものと考えることができます。そこで、意地悪条件を探すときに類推を使用して、過去の経験を思い出しそれを使用します。

　階乗計算の例でいえば、意地悪をできるとしたら「与えるデータを大きなものにする」「メモリを少なくするなどして動作環境を厳しくする」「手順をめちゃくちゃにしてみる」「小学生に操作させて何をするかわからないようなテス

トをする」といったことが見つかることでしょう。ふだん心優しいあなたもテスト設計のときばかりは、シンデレラの義姉のドリゼラとアナスタシアのように思いっきり意地悪になってください。

1.2 ▶ 過去の経験を活かす

（1） ソフトウェア開発の現状

　テストを点で捉えるもう一つの方法は、過去の経験を活かすことです。（一社）日本情報システム・ユーザー協会の企業 IT 動向調査の 2018 年度版では、システム開発の 55％ は保守運用であり、新規投資との比率は何年にもわたって一定と報告されています。つまり、新規開発のほうが少なく、派生開発が多いのが現状です。

　また、過去に類似の商品がない、つまり、まったく新しいジャンルのソフトウェアを開発するといったことは、ごく一部の研究機関を除きほとんどないのではないでしょうか。入社以来、真の意味でのコンセプトから作り上げる新規プロジェクトには一度も参加したことがないという人のほうが多いかもしれません。

　そうであれば、私たちはこれまでのソフトウェア開発で得た経験を豊富にもっているということができます。それにもかかわらず、テストについてはこれまでの経験を活かすことがあまりできていないと言わざるをえません。

　多くの組織で行われていることは、過去の重要バグが開発中の新しいソフトウェアにおいて再発していないことをテスト段階で確認することくらいです。バグ再発防止リストは新しい商品をリリースするごとに増加し、テスト効率を下げる要因にすらなっています。そして、ある日、「もう、このバグは出ないだろう」という根拠のない意見をもって、再発防止リストからばっさりと捨て去られ、その結果、似たようなバグを発生させてしまうという悲劇が起こっています。

(2) 不具合モードによる未然防止

ハードウェアの世界では、故障が起こるメカニズムを「故障モード」として組織が管理・共有し、次の製品開発においては、故障モードをもとに FMEA（Failure Mode and Effects Analysis）というリストをつくり、デザインレビューすることで再発防止を図っています。ソフトウェアの世界においても FMEA を活用しようという動きがありますが、あまり成功しているとはいえないようです。

西康晴氏、河野哲也氏は、「故障モード」の概念をソフトウェア向けに拡張した「不具合モード」を提案しています。これは、**バグ発生のメカニズムを見極めてそれを開発中のソフトウェアに当てはめてテストで再発防止を図る**というものです。さらには、不具合モードを開発時に適用することでバグ発生そのものを未然防止しようという取組みです。

ハードウェアの故障モードがうまく機能している理由は、ハードウェアでは故障が発生するメカニズムが「何も加工しない鉄が水に濡れれば錆びる」といった自然科学によるものだからです。そもそも、再現性があるものを自然科学と呼びます。日本で鉄が錆びるのなら、それを地球の反対側のブラジルに持っていったとしても錆びるのです。

ところが、ソフトウェアのバグ発生メカニズムは、「科学法則」によるものというよりも、開発者のうっかりミス、仕様の読み間違えの起こしやすさ、長時間残業による疲労、担当の引継ぎの悪さといった「人間の習性」によるものが大半を占めています。したがって、日本人が間違えやすい問題であっても、ブラジル人が間違えやすいとは限りません。それは仕様書が書かれている言語によっても異なるからです。日本語は主語がなくても成り立つ言語です。したがって、感情を豊かに表現することは得意なのですが、論理関係をまとめるのは主語が必須となる欧米の言語のほうが得意です。なぜなら主語がはっきりすることで論理が明快になるからです。したがって、バグ発生のメカニズムを解明するためには、科学法則ではなく、言語学、認知心理学、哲学などの力を借

りる必要があります。

（3） バグパターンの蓄積トレーニング

　それでは、認知心理学や哲学の知識がないと打つ手は何もないのでしょうか。筆者は、そのようなことはないと考えています。

　一つの対策は、シャワーを浴びるように多くのバグ票を読むことです。そのときに重要なことはバグの現象だけでなく、バグの作り込み原因をよく読むことです。ひょっとすると原因を書く欄に「直しました」としか書いていないバグ票もあるかもしれません。残念ながら原因が書いていないバグ票はほとんど役に立ちません。まずは、バグの原因をしっかり書いてもらうように次回の開発戦略に入れましょう。**バグの原因を読んで「どうしてそのようなバグを作り込んでしまったのだろう？」と想像する**ことがバグ発生のメカニズムを自分の中に蓄える良い訓練になるからです。また、開発者がバグの原因をきちんと書くことができるということは、バグの理解が完全であることを意味しますから、リグレッション（バグを修正したことによる二次不具合、日本ではデグレードともいう）も少なくなることが期待できます。

（4） 経験ベースのテスト

　人間の脳は、優れたパターン認識力をもっていますから、バグ票を読むことを日課として繰り返していくと、仕様書を読んだときに、以前起こったバグとその原因が想起され、開発者が間違えを犯しやすいところが見えてきます。あとは、そこを狙えばよいのです。

　ところで、このようなテスト方法をエラー推測と呼びます。この場合のエラーは過去の故障の知識や故障モードの全般的な知識を意味します。また、似たテストに探索的テストがあります。

　探索的テストとは、テストをしているなかで怪しそうなところを重点的に探索し、深くテストしていく方法です。探索的テストでは、他のテストのように事前にテストケースをつくるということはしません。しかし、テストの記録を

とり、テスト終了時には、テスター自身にソフトウェアに対する印象をまとめ、文書化してもらいます。探索的テストは他の網羅的なテストと並行して実施するとよいでしょう。エラー推測や探索的テストには深いテストに対する知見と、経験が必要です。

　それでは、例題を解いてみましょう。

例題 1.2
　以下の仕様を読んで開発者が間違えやすい点を指摘しなさい。
　利用者登録をするために、「名前」「性別」「生年月日」を登録する画面を用意する。

　いくつもの答えが浮かんだのではないでしょうか？　文字コード、文字の長さ、性別不明、閏年、ありえない日付処理など、どれも正しいと思います。是非、そこをテストしてください。

　ここで、一つ覚えておくと良いことがあります。それは、**「知っている」と思ったものこそ危険が潜んでいる**ということです。この例でいえば「性別」です。

　うっかりすると「性別」の選択肢として「男性」「女性」だけで開発を始めてしまうと思いませんか？　ちょっと気が回る開発者は「不明（未記入）」も追加するかもしれません。しかし、それでも不足しているのです。

　実は、国際標準の ISO 5218（「情報技術—人の性別の表示のためのコード」）において、性別は次の 4 通りで定義されています。

- 0 = not known.（不明）
- 1 = male.（男性）
- 2 = female.（女性）
- 9 = not applicable.（適用されない）

この例のように、知っていてふだん使っていてもきちんと調べていないもの、そのようなところにバグが入り込む可能性があります。

　このソフトウェアを単独動作させているうちは、このバグが発現することはないでしょう。それは、そのソフトウェア内では、仕様の整合がとれていて、「9」はデータとして入ってこないからです。しかし、別のシステムがISO 5218を採用していて、そのシステムのデータを取り込むようなケース、例えばCSV形式にしてファイル経由で移行しようとした場合、性別の値が9（例えば、性同一性障害の方）のデータをうまく移行できないことになるかも知れません。**知っているものだと安心してしまう。**これもまた、バグ発生のメカニズムの一つです。

1.3 ▶ 本章のまとめ

　本章では、怪しい点に注意を向けるテストについて説明しました。ピンポイントテストでは、「この仕様書には仕様のバグがあるに違いない」と思って三色ボールペンを使って仕様書を読み込むことを推奨しました。

　また、仕様書の曖昧なところについては、具体的なデータを示し、そのデータを見て、「間」「対称」「類推」「外側」を考える癖をつけることを説明しました。さらに、思いっきり意地悪になってテストデータやテスト手順をつくってみることがテストのコツです。

　点に注意を向けるもう一つの方法として、過去の経験を活かすことを説明しました。「不具合」そのものを追うのではなく「不具合モード」というバグを作り込んでしまうメカニズムを考えることの重要性と、そのトレーニングの仕方についてご理解いただけたことと思います。

　テストの大部分は、仕様書を読んで怪しいところを見つけそこを確認する行為になります。第2章から説明する「テスト技法」を知っていても、「実際のテストのときにどうやって適用したら良いかわからない」とか、「使用しても思ったようにバグを取り切れない」といった声を聞くことがよくあります。それは、テストの大部分を占める怪しいところをテストする方法が不足しているからではないでしょうか。そのようなときは、本章を読み直してテストのヒン

トを見つけてください。

演 習 問 題

1.1

　以下は、建物の入り口に設置されるスタンド型の非接触体温計測計の仕様である。テストするにあたり不明な点や気になる点をできるだけ多く指摘しなさい。

　手や額を体温計にかざすと、1秒以内に測定し、状況に合わせた動作を行う。

　　正常に測定できた場合：
　　　　38℃未満(正常)：ピッという音とともに測定結果を表示
　　　　38℃以上(発熱)：ビー、ビーという音とともに測定結果を表示
　　エラー時：ブーという音とともに「測定エラー」を表示

　　測定距離：5～10cm
　　精　　度：± 0.2℃
　　電　　源：単三電池4本
　　音　　量：0(無音)から5まで6段階設定可能

1.2

　以下の仕様を読んで開発者が間違えやすい点を指摘しなさい。

　郵便番号を入力し、[自動住所入力]ボタンを押すと、郵便番号に該当する町名までの住所を自動入力する。

第 **2** 章

線を意識する

「止めなかったどころか私、彼を送り出したんです。気をつけて行けって送り出したんです。だから、私のせいで矢部さんは落ちて…」

「久美ちゃん、それは違うっしょー。違う。違う。ぜんっぜん違う」

石塚真一『岳』

　柱のカドに足の小指をぶつけたことはありませんか？　あれって、思いのほか痛いですよね。子どもが歩けるようになった頃、家中のカドというカドにクッションのようなものを貼りつけてぶつかっても大丈夫なようにしました。それでも小さな段差につまずいて転んでいましたが……。

　そう、**どんなに注意しても、ふとした気の緩みで私たちは失敗をします**。しかし、その失敗の多くは過去に似たような経験をしたことがあるはずです。ソフトウェア開発も同じで、似たような失敗が何度も繰り返されています。バグ発生のメカニズムを理解することであなたのテストは今よりずっとよくなるのです。

　第1章では、「点に注意を向ける」と題し、仕様書を読んで引っかかるところを中心にピンポイントで狙うテストと、過去の経験を活かすテストについて説明しました。本章では、連続して変化する数値や文字コードについてテストする方法について考えていきます。

2.1 ▶ 同値分割法と境界値分析の基本

　みなさんは、「同値分割法」と「境界値分析」という言葉を聞いたことがありますか？　もし、聞いたことがなかったとしても大丈夫。テストケースを書くときにふつうにやっていることですから。

　同値分割法というのは、入力される可能性があるデータをすべてテストするのはたいへんなので入力をグルーピングしてそれぞれのグループから代表となる値を選び*それだけ*をテストする方法です。「それだけ」と書きましたが、ある観点でグループ分けして、そこから代表値を選ぶわけですから「網羅」するテストになります。

　同値分割法で分割した各々のグループのことを「同値パーティション」または「同値クラス」と呼びます。また、正常値、異常値が明確な場合は、それぞれ「正常同値パーティション」「異常同値パーティション」と呼ぶこともあります。

次に同値分割法とセットにして覚えるとよい境界値分析とは、代表となる値を選ぶときにそれぞれのグループの端っこの値を狙うという方法です。境界値に関係するバグは非常に数が多いのでできる限りきちんとチェックしておくことが大切です。

（1） 境界値分析によるテストケースの作成

例題を解きながら理解しましょう。

例題 2.1

スーパーでりんごを売っています。販売個数に応じて価格が異なります。

① 1 個〜4 個：単価 200 円

② 5 個〜9 個：単価 170 円

③ 10 個以上：単価 160 円

同値パーティションに分けて境界値分析を使用してレジのソフトウェアの購入時テストケース（テストすべきりんごの数）を作成してください。

端っこを狙えばよいのですから、まずは、1 個、4 個、5 個、9 個、10 個が頭に浮かびます。

でも、ちょっと待ってください。本当に、それだけで良いのでしょうか？このようなときには線を意識することが大切です。**図 2.1** を見てください。

図 2.1 は、りんごの数を直線上に乗せたものです。○は無効な値を示し、●は有効な値を示します。1 個のりんごを買ったときに 200 円、4 個のりんごを買ったときにレジに 800 円と表示されれば 2 個、3 個のときにもそれぞれ、400 円、600 円と表示されると思いますよね。けれど、りんごを 5 個買ったときに単価 200 円で計算し 1,000 円と表示されてしまうバグがあるかもしれません。だから、端っこの 5 個のテストをするのです。たとえ 6 個のテストで 1,020 円と正しく表示されても、5 個で 850 円と正しい表示がなされるかどうかは心配ですから。

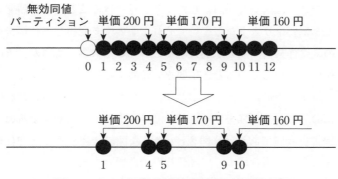

図 2.1 りんごの数の同値分割法・境界値分析

今回のケースでは、0 個のりんごというのは、りんごをレジに持ってこないということを意味します。その場合、りんごを入力することはないのでテストは不要でしょう。もちろん、何も入力せずにレジの合計ボタンを押すテストは必要です。ただし、それは「りんご」の価格のテストではありません。また、**第 1 章**の「対称」を使ってマイナス 3 個のりんごを思いつき、それを返品時の処理と結び付けることは、とても良い発想ですが、今回は購入時の処理について検討するという問題なので対象外とします。

ここで、多数のりんごを持ってきたとき桁あふれするかというと、1,000 個持ってきたとしても 16 万円なのでテストを行わなくても問題ないでしょう。このように書くと可能性がゼロでないのだからテストすべきだという人がいます。テストは効果と効率を考えながら落とし所を探っていく作業ですから効率よく 1,000 個のリンゴのテストができるのであればやってみるのもよいでしょう。しかし、それがたいへんな作業であればやる価値は低いと考えざるをえません。システムの重要度とあわせて検討する必要があります。

以上のことから、初めの直感どおり 1 個、4 個、5 個、9 個、10 個をテストケースに選択すればよさそうです。

境界値分析で、大切なことは、**簡単そうに思えても必ず線と丸を描いて同値パーティションと無効同値パーティションの違いを視覚的にわかるようにする**

ことです。テストは開発者がおかした誤りを見つけることです。開発者は仕様
書を書くときに要求リストなどを見てそれを頭の中で変換して仕様書を作成し
ます。その変換作業に間違いが混入するということもありますが、その一方で
要求から仕様に変換しているときに要求の矛盾や曖昧さを発見することも多い
ものです。何か別の形に変換することは、元のものを理解することを助けます。

　テストにおいても、仕様書からいきなりテストケースに変換するのではなく、
まずは仕様書を今回であれば、**図 2.1** のような図に変換することで仕様自体の
理解が進みますし、場合によっては仕様書の問題点を発見することも期待でき
ます。仕様書が問題で、テストケースが答えであるとすれば、図にすることで
問題の理解を徹底的に行うことが正解への近道なのです。

（2）　実数の境界値分析

　それでは、次の例題を解いてみましょう。

例題 2.2

　Ａ大学希望の学生に対し、模擬試験の結果、偏差値が 65 以上であれば
「Ａ大学　合格圏内」と出力する。

　さて、今回もまずは図を描いてみましょう（**図 2.2**）。

　図は、簡単に描けました。また、有効同値パーティションの境界値である
65 もよいでしょう。問題は、白丸です。白丸は、65 未満を表しますが、実際
のテストではいくつの値を入れて確認したらよいのでしょうか。

　偏差値は、整数でなく実数ですから 64 では粗いように思います。できる限

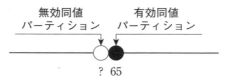

図 2.2　偏差値の同値分割法・境界値分析

り 65 に近づきたいのですが、一般にコンピュータは浮動小数点です（内部では実数部と指数部に分かれ近似値となる）から 65 にぎりぎり近い値を入力することは困難です。下手に 64.9999999999 と入力した場合、コンピュータの内部処理で 65 に丸められてしまうかもしれません。

このようなケースでは、

$$65 - d$$

という形で白丸の値を定義し、併せて

$$d = 0.0001$$

といったどこまで近づいて確認するかを別途記述することをお勧めします。こうしておけば、このテストケースの妥当性をレビューする際に、d = 0.0001 より近づいたケースでは「A 大学 合格圏内」と表示しても問題ないかどうか、つまりは、要求に対する妥当性は満たされているかに集中して確認できます。おそらく、このケースではもっと d の値が大きくても許されることでしょう。ただし、模擬試験のテスト結果にプリントされる偏差値との整合をとる必要はありそうです。

2.2 ▶同値分割法と境界値分析の応用

テスト設計の現場では、複数の変数へ同値分割法と境界値分析を同時に実施する必要性が生じます。

例題を解いてみましょう。

例題 2.3

パスワードは、アルファベットの大文字・小文字と数値のみを入力可能とする。また、パスワードの文字数は 5〜30 文字とする。このときのパスワードのテストデータを作成しなさい。

この問題を解くためには、文字コードの知識が必要です。といっても難しい

表 2.1　ASCII コードチャート

b7	b6	b5	b4 ↓	b3 ↓	b2 ↓	b1 ↓		0 0 0 / 0	0 0 1 / 1	0 1 0 / 2	0 1 1 / 3	1 0 0 / 4	1 0 1 / 5	1 1 0 / 6	1 1 1 / 7
			0	0	0	0	0	NUL	DLE	SP	0	@	P	`	p
			0	0	0	1	1	SOH	DC1	!	1	A	Q	a	q
			0	0	1	0	2	STX	DC2	"	2	B	R	b	r
			0	0	1	1	3	ETX	DC3	#	3	C	S	c	s
			0	1	0	0	4	EOT	DC4	$	4	D	T	d	t
			0	1	0	1	5	ENQ	NAK	%	5	E	U	e	u
			0	1	1	0	6	ACK	SYN	&	6	F	V	f	v
			0	1	1	1	7	BEL	ETB	'	7	G	W	g	w
			1	0	0	0	8	BS	CAN	(	8	H	X	h	x
			1	0	0	1	9	HT	EM	)	9	I	Y	i	y
			1	0	1	0	10	LF	SUB	*	:	J	Z	j	z
			1	0	1	1	11	VT	ESC	+	;	K	[	k	{
			1	1	0	0	12	FF	FS	,	<	L	\	l		
			1	1	0	1	13	CR	GS	-	=	M	]	m	}
			1	1	1	0	14	SO	RS	.	>	N	^	n	~
			1	1	1	1	15	SI	US	/	?	O	_	o	DEL

話ではなく表2.1が読めれば大丈夫です。

　16行8列のこの表は、左上の NUL、SOH、STX といった制御コード(例えば BEL は「ベルを鳴らす」の意味です)から始まり、右下の DEL で終わっています。この問題でわかればよいのは、アルファベットの大文字・小文字と数値のみですからそこを抜き出して図を描いてみます(**図2.3**)。

　また、パスワードの文字列長についての仕様も同様に図にします(**図2.4**)。

　次に確認したいことを整理します。ここでは、次の2つの点について確認し

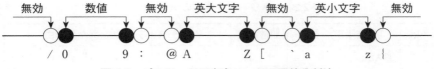

図 2.3　パスワードの文字コードの同値分割法

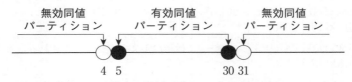

図 2.4　パスワードの文字列長についての同値分割法

たいと考えました。

① パスワードとして有効な文字が受け付けられ、無効な文字がエラーとなること

② 文字列長について有効な長さが受け付けられ、無効な長さがエラーとなること

　ここで、新しいテクニックを一つ理解しなければなりません。それは、**有効な値（正常系）は複数同時に確認できるが無効な値（異常系）については１回に一つずつしか確認できない**です。

　例えば、テストで「0123」という４文字のパスワードを設定しようとします。すると、パスワードの文字列長は５文字以上 30 文字以下ですので短すぎるというエラーになります。もし、このとき、「@ABC」というテストデータを使用したらどうなるでしょうか？　４文字という理由でエラーになるか、「@」がパスワードに使えない文字なのでエラーになるかは実装しだいです。そして、特別に親切なプログラム以外では、文字列長のエラーになった場合、「@」のエラーは表示されません。逆に「@」が先にプログラムでチェックされて、文字コードエラーになった場合は、文字列長チェックが正常に機能しているかどうかテストできません。**「異常値は他の異常値を隠す」**と覚えてください。このことを頭に入れてテストデータを作成すると**表 2.2** のようになります。

表 2.2　パスワード文字列のテストデータ

No.	テストデータ	期待結果	本テストデータを選んだ理由
1	09AZaz	正　常	正常系の文字の有効境界値をまとめて確認する。
2	158Mm	正　常	最少文字数 5 文字を確認する。
3	BbCcDdEeFfGgHhIiJjKkLlNnO23467	正　常	最大文字数 30 文字を確認する。
4	BbCcDdEeFfGgHhIiJjKkLlNnO2346~	エラー	最後の 1 文字がチェックされることを確認する。
5	/09AZaz	エラー	0 に隣接する無効境界値を確認する。
6	0:9AZaz	エラー	9 に隣接する無効境界値を確認する。
7	09@AZaz	エラー	A に隣接する無効境界値を確認する。
8	09A[Zaz	エラー	Z に隣接する無効境界値を確認する。
9	09AZ`az	エラー	a に隣接する無効境界値を確認する。
10	09Aza|z	エラー	z に隣接する無効境界値を確認する。
11	09Az	エラー	最少文字数より少ない境界値(4 文字)を確認する。
12	BbCcDdEeFfGgHhIiJjKkLlNnO234678	エラー	最大文字数より多い境界値(31 文字)を確認する。
13	入力できる限り長い文字列(英数字のみ)	エラー	意地悪的な要素(バッファオーバーフロー)が起こらないことを確認する。

（1）　技法にとらわれない

　上記のほかにも「何も入力しない」場合や「改行コード」といった制御コードを含む文字列をコピー＆ペーストで入れることができないかどうか。また、「上位 ASCII コード」(JIS では半角カナが入っている部分)の確認がしたくなるかもしれません。気がついた怪しいものはテストデータに追加してください。

　同値分割法や境界値分析といったテスト技法を適用すると、それ以外のテス

トをやらなくてよいと考え、排除してしまう人がいますが、それは得策ではありません。思いついたものは遠慮なくどんどんテストケースに追加することが大切です。同値分割法や境界値分析をすることが目的なのではなく、無限と言ってよいほど多数存在するテストケースから、バグの検出に有効なテストケースを抽出し、現実的にテストできる分量まで減らすことがテスト技法の目的です。

(2)　日付と時刻の境界値分析

もう一問解いてみましょう。

例題 2.4

スケジュールを入力するアプリケーションに対して、開始と終了のテストデータをつくりなさい。

ビデオの予約（最近は番組表から直接選択するようになってしまいましたが）、会議室予約、予定表など多くのソフトウェアでスケジュールを入力する機能があります。まずは、問題を理解するために例示してみましょう。

- 2011 年 1 月 25 日から 2011 年 1 月 26 日は JaSST 東京
- 2010 年 12 月 7 日の 10 時から 12 時に会議
- 2011 年 3 月 11 日は終日セミナー

一番目の開始は 2011 年 1 月 25 日で終了は 2011 年 1 月 26 日、二番目の開始は 2010 年 12 月 7 日 10 時で終了は 2010 年 12 月 7 日 12 時、三番目の開始は 2011 年 3 月 11 日で 1 日中セミナーということなので終了は 2011 年 3 月 11 日でよいでしょう。

一見当たり前のように見える上記の回答ですが、終了に着目してみると妙なことに気がつきます。一番目の場合 1 月 26 日は含んでいます。しかし二番目の場合 2010 年 12 月 7 日 12 時は会議時間に含まれるでしょうか？　会議時間に含まれるとなるとお昼が食べられなくなってしまいますね。二番目の例は、

10 時に開始して 12 時までに終わる会議という意味なので 12 時は含みません。

　日付を指定した場合は終端を含んで、時刻を指定した場合は終端を含まないというように、習慣的・感覚的にはそれが正しいので人間が入力する場合にはそのように入力させる GUI をつくる必要があります。しかし、コンピュータの内部では日付も時刻も同等に扱わないとおかしなことになります。

　実際、インターネット経由でスケジュール情報を交換するための RFC 2445 で規定されている iCalendar という規格では、始まりの時刻は含み、終わりの時刻を含まないという約束事になっています。したがって、iCalendar の規格において 3 番目の例の「2011 年 3 月 11 日は終日セミナー」は、2011 年 3 月 11 日から 2011 年 3 月 12 日という人間としては違和感のある内部表現をとることになります。

　Microsoft の Outlook というアプリケーションで「2011 年 3 月 11 日は終日セミナー」というスケジュールを作成し、それを「名前を付けて保存」して中身を確認すると、次のようになっています。

```
DTSTART;VALUE=DATE:20110311
DTEND;VALUE=DATE:20110312
SUMMARY;LANGUAGE=ja:セミナー
```

　DTSTART は予定の開始を DTEND は終了を表しています。たしかに終了（DTEND）は 2011 年 3 月 12 日になっています。一方、同じ Outlook で「2010 年 12 月 7 日の 10 時から 12 時に会議」という予定を保存し開いてみると、次のようになっています。

```
DTSTART:20101207T010000Z
DTEND:20101207T030000Z
SUMMARY;LANGUAGE=ja:会議
```

　世界標準時になっているので 9 時間のずれがあり少しわかりづらいですが、終わりの時刻は 2010 年 12 月 7 日 12 時 00 分 00 秒となっています。

　このような規格は別のソフトウェアとデータ交換するために（この例であれば予定表を Google カレンダーに移すなど）使います。したがって、規格が定

義している境界値の定義をよく理解して、それに合ったテストデータを作成し
てテストしなければなりません。

2.3▶ループ境界

　前節では、線を意識した同値分割法と境界値分析について考えました。とこ
ろが同じ線でもループになっている場合があります。しかも、それがテストで
も見つからず市場で発見されるケースが後を絶ちません。ループ境界とは、カ
ウンタなどが増加し、そのうちにカウンタを格納している変数の型の上限を超
えてカウンタが 0 に戻ってしまうようなことをいいます。4 バイトの大きさの
符号なし整数型の変数の最大値は、4,294,967,295 ととてつもなく大きな数です。
1 秒間に 1 回カウントアップしたとしても 136 年間もちます。しかし、もし 10
ミリ秒でカウントアップしていたらどうでしょうか？　497 日目にループカウ
ンタが一巡する日がやってきます。製品リリース後 1 年と数カ月で突然時間の
前後が混乱してシステムが動かなくなるかもしれません。

　また、内部カウンタのようなものは、仕様書には表れず、設計で作り込まれ
てしまう場合も多いものです。500 日間連続稼働テストを行えば見つかるかも
しれませんが、そんなにテスト期間があることはまずありません。

　したがって、同値分割法や境界値分析は、本来、設計仕様を十分に確認して
いく必要があります。テスト技術者が設計仕様書を一人で読んでそれを完璧に
理解することは困難ですから、逆にテスト仕様のレビュー会に開発者が参加す
るようにしてもらい、設計仕様書や実装のなかにループ境界や隠れた境界値が
ないかを開発者に直接確認するとよいでしょう。

2.4▶負荷テスト

　線を意識してほしいテストに、負荷テストがあります。昔、インターネット
でチケット予約をする際に、人気チケットは発売を開始したとたんに大勢の人

が同時にアクセスするので動かなくなる、といったトラブルが発生したことがありました。これは、ウェブサーバーなどは多重化してあったものの、最後の商品データにアクセスする部分の多重化が不十分であったために発生したと聞いています。

筆者が入社した1985年当時の負荷テストというと、全員がふだんの仕事を一時中断して、笛の合図に合わせて何十台ものワークステーションから同時にファイルサーバーにアクセスしてみるといったことをしていました。ちょっとフライングした人はファイルサーバーのフォルダーを開くことができて、出遅れた人はいつまで待っても開かない（気がつくとサーバーがダウンしていた）といったような原始的なものでした。

このテストでもクライアントからの多数同時アクセス時のリソース不足によるシステムダウンといった問題を検出することができて役に立ったのですが、私がお勧めしたいのは、アクセスするクライアントを1台ずつ増やしていって、増やした都度、サーバーの負荷状態を折れ線グラフにプロットしていく方法です（**図2.5**）。横軸に接続台数をとります。縦軸には測定したいもの、例えば、サーバーのCPU使用率、メモリ使用量、トランザクション応答時間をとります。そして、取得したデータをプロットしていくのです。

ここでのポイントは、システムが保証している同時接続台数を超えてもテストを続けるということです。それぞれの折れ線は、リソースが枯渇する、または、何か特別なバグが発生した場合、直線的に伸びていたグラフが頭打ちになるなど急にその傾向を変えます。頭打ちになるような変化点を「ヒザ」と呼びます。

システム保証台数を超えたときに保証されたパフォーマンスが出なくなってもかまいません。しかし、システムクラッシュなどの最悪の事態が発生することは避けなければなりません。

そして、折れ線グラフの様子は、イメージとして記憶されますから過去にテストしたときの結果とパターン認識されて頭の中でつながります。そして、経験を積むごとにグラフの変化から読み取れることが増えていきます。

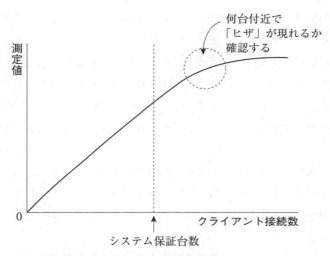

図2.5　負荷を示す折れ線グラフのイメージ図

2.5▶本章のまとめ

　本章では、連続して変化する数値や文字コードなどについて、同値分割法や境界値分析を使用してテストする方法を中心に説明しました。

　境界値、すなわち端っこにはバグが隠れている可能性がとても多いものです。しかし、バグが多いということは、テスト設計ミスもしやすいということです。テスト設計ミスをしないために、仕様を図にして理解しなおすという方法をとることをお勧めしました。私の知り合いのテスト技術者も、エキスパートになればなるほど、「ちょっと待って」と言って簡単な図を描いて問題を正しく理解するようにしています。彼らは、経験的に図に描くことの重要性を理解しているからです。

　また、同値分割法、境界値分析の応用例としてパスワード文字列のテストデータを作成しました。ここで忘れないでほしいことは、**「異常値は他の異常値を隠す」**ということです。正常値については複数組み合わせて同時に確認できますが、異常値については一つひとつ丁寧に確認していくようにしてください。

　そして、同値分割と境界値分析のテスト設計の結果は、開発者も参加するレビュー会でレビューすることが重要です。日付と時刻の終端処理、ループ境界や隠れた境界は仕様書だけでは見落とす場合が多いからです。

　同値分割、境界値分析というと、従来、整数値で説明されることが多い技法でしたが、このように整数のみならず、実数、文字コード、日付と時刻など、さまざまなタイプを扱うことができます。線には型があると覚えておくとよいでしょう。

　最後に、線を意識するテストとして負荷テストを挙げました。ぎりぎりの負荷を与えたポイントにおける振る舞いだけをテストするのではなく、徐々に負荷を増しながらシステムのリソースを測定して折れ線グラフを描くことの大切さを説明しました。

　線を意識することで、端っこ以外の点をテストから除外し効率化することができます。また、折れ線グラフを描くことで傾向を把握しシステムの限界における挙動を正しく理解することができます。

　是非、億劫がらずに線を引いてみることをお勧めします。

演 習 問 題

2.1

　以下の仕様は、ある SNS サイトの投稿記事に対するものである。同値分割法と境界値分析を実施し、テストすべき画像サイズを洗い出しなさい。

> 記事見出し画像は 1280 × 670 ピクセルを超えるとトリミングされる。

2.2

　エアコンの風量を▽ボタンで下げていった。風が止まった状態で、さらに▽ボタンを押したところ、強い風が吹いてきた。原因として考えられる問題は何か答えなさい。

第3章

面で逃さない

　識──想いは螺旋である。想えば即ち想いに因って極微は寄り、微塵を生ず、微塵は縁に因りて結び、業に因りてめぐり、即ち螺旋を生ず。螺旋は有情(生命)である。

夢枕 獏『上弦の月を喰べる獅子』

　前章では、主に入力するデータに焦点を当ててテストを減らす方法について考えました。ところがデータは外から入力されるものであり、ソフトウェア自体はデータからなるのではなく、ロジック（論理）の塊から構成されています。ロジックとは入力の組合せによる特別な動作のことです。

　したがって、私たちはソフトウェアの入力が系統的にロジックを網羅し、正しく動作することをテストするテクニックを身につける必要があります。

　本章では、まず関係性がある複数の変数を同時にテストする「ドメイン分析テスト」について解説します。続いて、もっと込み入った論理関係を確認する「クラシフィケーションツリー技法」「デシジョンテーブル」「原因結果グラフ」「CFD 法」について学びます。

3.1 ▶ ドメイン分析テスト

　ドメイン分析テストとは、関係性がある複数の変数を同時にテストする方法です。そのために、まず、on、off、in、out という用語とその概念について理解してください。

　on とは、着目している境界値のことです。off とは、on ポイントに対して境界値分析をしたときに見つかる隣接したもう一つの境界値のことです。もし、on ポイントが●（有効値）であれば、off ポイントは○（最も近傍の無効値）になりますし、on ポイントが○であれば off ポイントは●になります。

　in とは、ドメインの内側の値で、out は外側の値です。表 3.1 は「整数 x が

表 3.1　ドメイン分析テストの on/off/in/out

名　前	説　　明	x≧10 の場合	x＞10 の場合
on	着目している境界値	10	10
off	on ポイントに隣接する境界値	9	11
in	ドメインの内側の値（on/off 以外）	例：15	例：15
out	ドメインの外側の値（on/off 以外）	例：5	例：5

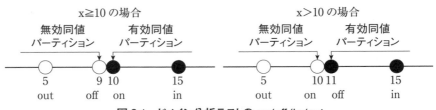

図 3.1　ドメイン分析テストの on/off/in/out

10 以上」というドメインに対する on/off/in/out と、「整数 x が 10 より大きい」というドメインに対する on/off/in/out について示しています。

　第 2 章で説明したように、少しでも複雑と感じたときには、図にしましょう。図 3.1 は、表 3.1 を図にしたものです。

　on と off は慣れるまでは違和感があるかも知れませんが、要するに on ポイントは着目している境界値、off は on ポイントに隣接している境界値のことをいいます。●が on とは限らない点に注意してください。

　さて、第 2 章で私たちは境界値をテストすることを学びました。つまり、on ポイントと off ポイントをテストするのが境界値分析です。

　ここで、変数が増えたらどうしたらよいでしょうか。2.2 節で説明した「**有効な値（正常系）は複数同時に確認できるが無効な値（異常系）については 1 回に一つずつしか確認できない**」を思い出してください。

　多くの変数があった場合は、着目する一つの変数について on と off を変化させ、他の変数についてはすべて in にしておけばその変数の on/off ポイントを確実に評価することができます。表 3.2 は、Binder が考案した「ドメイン分析テストマトリクス」を用いて 3 つの変数 x、y、z があった場合のテストケースを示しています。

　表 3.2 のテストケース 1（1 列目）では、それぞれの変数に対して、x＝on、y＝in、z＝in の値をとるテストとなっています。これは境界値である x＝on の結果を確実に評価するために、y と z の値を in（正常値）にしているということです。

　テストケース 2 では、x＝off（変数 x のもう一つの境界値）のテスト結果を確

表3.2　Binder のドメイン分析テストマトリクス

変　数	タイプ	1	2	3	4	5	6
	on	○					
x	off		○				
	in			○	○	○	○
	on			○			
y	off				○		
	in	○	○			○	○
	on					○	
z	off						○
	in	○	○	○	○		
期待結果	—						

実に評価するために、y と z を in にしています。同様に、テストケース 3 と 4 では、y の境界値のテストを実施するために、x と z の値を in にして、テストケース 5 と 6 では、z の境界値のテストを実施するために、x と y の値を in にしています。

なお、変数 x、y、z の out 値については、異常値なのでそれぞれ単独にテストするようにしてください。ただし、境界値のテストと比較して優先度は低くなります。

それでは、例題を解いてみましょう。

例題 3.1

あるロールプレイングゲームの攻撃時に相手に与える基本ダメージは、次の式で決まります。

基本ダメージ値 =（自分の攻撃力 ÷ 2）−（敵の守備力 ÷ 4）

（計算結果がマイナスの場合、基本ダメージ値は 0 となる）

自分の攻撃力の最大値は 100、敵の守備力の最大値は 80 とします。ド

> メイン分析テストマトリクスを作成しなさい。

　まず、変数を探します。計算式の右辺を見ればよいので、「自分の攻撃力」と「敵の守備力」が変数です。

　次に、それぞれの on/off/in/out について考えます（表3.3）。本当は、攻撃力や守備力が 0 と -1 のケースも on/off ポイントになりますが、ここでは省略します。

　今回はどちらも上限（= 以内）ですのでわかりやすいと思います。あとは、ドメイン分析テストマトリクスを作成するだけです（表3.4）。

　ドメイン分析テストは、関連性がある（特に数式で結ばれている）複数の変数

表3.3　基本ダメージ計算式の変数の on/off/in/out

名　前	説　明	自分の攻撃力	敵の守備力
on	着目している境界値	100	80
off	on ポイントに隣接する境界値	101	81
in	ドメインの内側の値（on/off 以外）	例：50	例：40
out	ドメインの外側の値（on/off 以外）	例：150	例：120

表3.4　基本ダメージ値のドメイン分析テストマトリクス

変　数	タイプ	1	2	3	4
自分の攻撃力 （A）	on	100			
	off		101		
	in			50	50
敵の守備力 （B）	on			80	
	off				81
	in	40	40		
期待結果 (A÷2) - (B÷4)	—	40	エラー	5	エラー

のテストをするときに基本となるテクニックです。

3.2 ▶ クラシフィケーションツリー技法

　クラシフィケーションツリー技法は、複数の変数(とその値)を木構造で分類して図示することで、テスト対象の変数と値を視覚的に認識するために使用します。また、識別した変数間の組合せテストをするかどうか、単独で確認するだけで良いか、組み合わせる場合のカバレッジは2変数間か、3変数間かといった組合せの方法(組合せ強度)について検討するためにも使用します。

3.2.1　クラシフィケーションツリー技法の概要

　図3.2は、クラシフィケーションツリーの例です。この図の上部にあるテスト対象の変数を木構造で表現したものをクラシフィケーションツリーと呼びます。木構造で表現することによって、変数(パラメータ)と、その変数がとりう

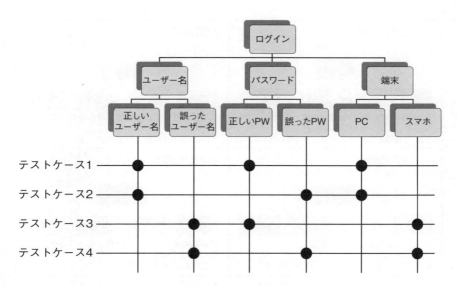

図3.2　ログイン機能のクラシフィケーションツリー

る値（バリュー）の抜け漏れをチェックすることができます。抜け漏れのチェックには、区分の法則を使用します。

（1） 区分の法則

区分の法則には「一貫性の原則」「相互排除の原則」「一致の原則」「漸進の原則」という4つの原則があります。この4つの原則を木構造の要素に当てはめることによって、要素の抜け漏れを防ぎます。それぞれの原則については**図3.3**を参照してください。

（2） クラシフィケーションツリーの要素

前掲の**図3.2**の木構造部分は3段階になっています。最上位のノードのことを「トップノード（Root）」と呼びます。2段目の「ユーザー名」「パスワード」「端末」は変数ですが、「クラシフィケーション（Classification）」と呼びます。そして最下層の「正しいユーザー名」「誤ったユーザー名」などを「クラス

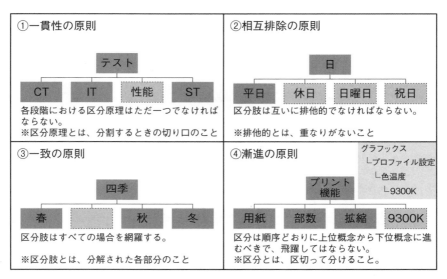

図3.3　区分の法則

（Class）」と呼びます。クラスは、**第 2 章**で学習した「同値パーティション」
と同じです。

　大きなクラシフィケーションツリーになると何段にもなっているものを見か
けます。複数のクラシフィケーションをまとめたものを「コンポジション
（Composition）」と呼びますが、コンポジションについてもクラシフィケーシ
ョンと呼ぶ人がいます。なお、クラシフィケーションは「分類」という意味な
ので、間違いということではありません。

　整理すると、変数やパラメータのことを「クラシフィケーション」、変数の
値のことを「クラス」と呼びます。**第 4 章**で学ぶ「因子」「水準」と同じです。

　クラシフィケーションを取り扱うツールでは、クラシフィケーションの下に
クラスはぶら下がりますが、クラスの下にクラシフィケーションはぶら下げら
れないものが多いのですが、まれにそうしていないツールもあります。まずは、
前述の、「ルート→コンポジション→クラシフィケーション→クラス」という
基本的な分類の流れと、それぞれの意味の違いについて理解しましょう。

（3）　値の組合せ

　前掲の**図 3.2** のクラシフィケーションツリーの下にある格子は、各テストケ
ースでどの値を使用するかを●印で示しています。一つの変数で同時に複数の
値を選択することはできません。**図 3.2** のテストケース 1 では、「正しいユー
ザー名」と「正しい PW」と「PC」の組合せをテストするということです。

　図 3.2 の 4 つのテストケースを実行すると、「ユーザー名」と「パスワード」
の値の組合せはすべてテストされます。これを全ペア／ペアワイズといいます。
一方、「ユーザー名」と「端末」の間は全ペアのテストはされません。ただし、
端末のすべての値はテストされます。これを全シングル／シングルワイズとい
います。

3.2.2　クラシフィケーションツリー技法の留意点

　クラシフィケーションツリー技法は、テストすべき変数（とその値）を分析し、

整理するのにとても役立つ技法です。しかしながら、クラシフィケーションの数が増えると、クラシフィケーションツリーが大きくなり、使いづらくなります。ツリーをつくってテストすべき変数を精査する部分については、マインドマップツールを使用し、あるコンポジション以下を隠すなどして、全体を俯瞰しながら整理することが大切です。

3.3 ▶ デシジョンテーブル

　ドメイン分析テストマトリクスの変数は、数式で結ばれていましたが、デシジョンテーブルで取り扱う変数は、主に論理式で結ばれています。論理式で結ばれているとは、条件が、AND（∧）、OR（∨）、NOT（¬）でつながっているということです。ちょっと難しく書いてしまいましたが、プログラムの中の if 文や switch 文はすべてデシジョンテーブルにできると考えてください。

　実物を見てみましょう。表 3.5 は、インターネット通販で、書籍を 1,500 円以上購入した場合、配送料が無料になるというデシジョンテーブルです。1〜4 列が規則（ルール）となります。表 3.5 では、変数が「品物は書籍（を含む）」と「（書籍の）合計 1,500 円以上」の 2 つだったからよかったのですが、送料が無料となる前提として、「配送先は離島以外」という条件が追加されたらどうでしょうか？　表 3.6 は「配送先は離島以外」という条件を加えたデシジョンテーブルです。

　ずいぶんと大きな表になってしまいました。条件が 3 つなので 8 個の規則と

表 3.5　インターネット通販の配送料（その 1）

		1	2	3	4
条　件	品物は書籍	Y	Y	N	N
	合計 1,500 円以上	Y	N	Y	N
動　作	送料無料	X			

表3.6 インターネット通販の配送料(その2)

		1	2	3	4	5	6	7	8
条　件	品物は書籍	Y	Y	Y	Y	N	N	N	N
	合計1,500円以上	Y	Y	N	N	·Y	Y	N	N
	配送先は離島以外	Y	N	Y	N	Y	N	Y	N
動　作	送料無料	X							

なっています。さらに「キャンペーン期間中は配送料が半額」といった条件が増えたら16個の規則になってしまいます。つまり、条件をnとすると、規則の個数は2^nになるのです。テストでは規則数分を確認するので、規則が増えてくるとテストしきれません。

　そこで、デシジョンテーブルを簡単化します。簡単化とは、列をまとめて総規則数を減らすことです。その方法は同じ動作(結果)をもつテストケースのなかで、結果に影響を及ぼす行が最終行の「Y」と「N」の違いのみの場合、その列をまとめて結果に影響を及ぼす行のセルを「Y」でも「N」でもどちらでもよいという意味で「−」に変更するという方法です。

　本ケースであれば、3列目と4列目、5列目と6列目、7列目と8列目については、「配送料は離島以外」が「Y」であっても「N」であっても動作結果は同じであるため、それぞれまとめることができます。

　さらに、5列目と6列目、7列目と8列目をまとめた結果は、「NY−」と「NN−」なので、「合計1,500円以上」が「Y」であっても「N」であっても動作結果は同じです。したがって、これもまた、まとめることができます。

　これらにより、表3.7の結果が得られます。このときに重要となるのは、条件が処理される順番です。どの規則も、品物、合計金額、配送先の順で処理されるから表3.7のように簡単化できるのです。これがテストごとに違う処理順であった場合はこのように規則をまとめることができません。

　それでは、例題を解いてみましょう。

表3.7　インターネット通販の配送料（その3）

条 件		1	2	3	4
	品物は書籍	Y	Y	Y	N
	合計 1,500 円以上	Y	Y	N	—
	配送先は離島以外	Y	N	—	—
動 作	送料無料	X			

例題 3.2

　閏年のルールは、次のとおりです。①～③の順番で処理されるとして、デシジョンテーブルを作成しなさい。

　① 　西暦年が4で割り切れる年は閏年

　② 　ただし、西暦年が 100 で割り切れる年は平年

　③ 　ただし、西暦年が 400 で割り切れる年は閏年

　例：2020 年は閏年、1900 年は平年、2000 年は閏年。

　まずデシジョンテーブルの骨格をつくります。条件は、割る数字、動作は閏年かどうかの判定結果でよいでしょう。**表3.8**のようになります。

　規則 3、5、6、7 はありえないため動作に N/A をつけています。これを先ほどと同様に規則のまとめを行い**表3.9**を作成します。

　表3.9ができれば、それぞれの規則を満たすテストデータを作成すればテストケースの完成です。例えば、規則 1 は 2000 年、規則 2 は 1900 年、規則 3、5、6 はありえないのでエラーが正しく表示されることをテスト[1]、規則 4 は 2020 年、規則 7 は 2021 年でテストすればよいでしょう。

---

1)　このような年を入力として与えることはできませんが、内部の閏年判定ルーチンで防御的なプログラミングがされているかどうか確認し、可能であればテストドライバを作成し部分的にテストしてください。

表 3.8　閏年の判定を行うデシジョンテーブル（その 1）

		1	2	3	4	5	6	7	8
条　件	4 で割り切れる	Y	Y	Y	Y	N	N	N	N
	100 で割り切れる	Y	Y	N	N	Y	Y	N	N
	400 で割り切れる	Y	N	Y	N	Y	N	Y	N
動　作	閏年	X		N/A	X	N/A	N/A	N/A	

表 3.9　閏年の判定を行うデシジョンテーブル（その 2）

		1	2	3	4	5	6	7
条　件	4 で割り切れる	Y	Y	Y	Y	N	N	N
	100 で割り切れる	Y	Y	N	N	Y	N	N
	400 で割り切れる	Y	N	Y	N	—	Y	N
動　作	閏年	X		N/A	X	N/A	N/A	

　閏年になるたびに、いくつものバグがニュースになります。デシジョンテーブルを作成して、ロジックをレビューすることでその後のプログラムミスも減りますし、テストも楽になります。ただし、デシジョンテーブルの簡単化には、処理順が重要な要素となりますので、開発との協力が必要です。

3.4▶原因結果グラフ

　条件の数が、5 個までなら前節で解説したデシジョンテーブルを書くことも苦になりません。$2^5 = 32$ なので、32 規則（32 列）を書き出してまとめていけばよいからです。しかし、条件が 6 個になったら 64 規則にもなってしまいます。これは、かなりたいへんな作業になります。さらに、条件が 7 個になってしまったら 128 規則というとても大きなデシジョンテーブルを作成する必要性が生じます。

　そのような巨大な表は、他の人が見たときにテストの設計意図を理解しにくいため、テスト設計の流用はほとんど不可能です。そこで、電子回路設計で使われていたブールグラフをテストに応用し、ブールグラフから単純な規則を使ってデシジョンテーブルを作成するというアイデアが生まれました。ソフトウェアのテストで利用するブールグラフのことを「原因結果グラフ」と呼びます。

　原因結果グラフのことを、「世界で最も難しいテスト技法」という人がいます。それは、開発者と同様に要求や仕様から論理設計をテスト技術者が実施しなければならないからです。また、そうして作成した原因結果グラフの正しさについて確認するには、原因結果グラフからデシジョンテーブルを作成してみるのが一番よいのですが、その方法は手順も多く難解です。

　しかし、幸いなことに、加瀬正樹氏が原因結果グラフをデシジョンテーブルに変換するソフトウェアである CEGTest を開発し、フリーで利用できるように公開してくださっています。そこで、本書では原因結果グラフの描き方を中心に説明することにして、デシジョンテーブルの変換については CEGTest の使い方を中心に説明して仕組みを理解するとともに実践できることを目指します。CEGTest については、**3.4.4 項**で説明します。

3.4.1　原因結果グラフの概要

　図 3.4 は、Windows でも Mac でも Twitter などのサービスでも何でもよいですが、ログインするときの論理関係を原因結果グラフにしたものです。

　論理関係といった大げさな言葉を使ってしまいましたが、「ユーザー ID とパスワードの両方が正しいときにログインできる」といった仕様を図にしたもの

図 3.4　ログインの原因結果グラフ

です。原因結果グラフの中の四角に囲まれたものをノードと呼び、ノードとノードの間に引かれた線をリンクと呼びます。

ここで、左端にあるノードを原因ノード、右端にあるノードを結果ノードと呼びます。図3.4 では、「ユーザーID」と「パスワード」が原因ノードで、「ログイン成功」が結果ノードです。結果ノードである「ログイン成功」ノードの左端には、「∧」マークがついていますが、これは原因と結果の間の論理関係を表しています。「∧」は AND（論理積）を示します。

つまり、この原因結果グラフは、

ログイン成功 ＝ ユーザーID ∧ パスワード

という関係を示します。

次に、もう少し複雑な原因結果グラフを見てみましょう。

図3.5 は Myers の三角形問題として知られている問題です。辺 A、B、C が与えられたときに、三角形の種類を出力するプログラムです。

左端の上から3つ目までの原因ノードは、三角形の一つの辺が他の二辺の和より短いことを示しています。4番目の原因ノードは、すべての辺の長さが等

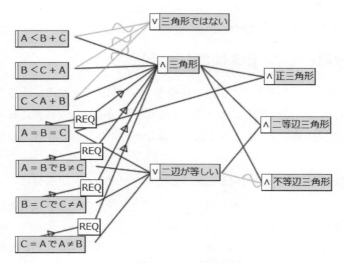

図3.5　Myers の三角形問題

しいことを、5番目以降の原因ノードは二辺のみが等しいことを表しています。

　今回、結果ノードに直接つながるのではなく、間に「三角形」や「二辺が等しい」というノードが割り込んでいます。このノードのことを中間ノードと呼びます。ここで、「二辺が等しい」というノードに「∨」マークがついていることに注意してください。「∨」はOR(論理和)を表しています。また、「二辺が等しい」と「不等辺三角形」の間の線(リンク)に「〜」マークがついています。これは、NOT(論理否定)を表しています。

　そして、原因ノードの下4つの少し上に、[REQ]という文字が書かれた四角いノードがあります。これは、こちらの原因ノードは「三角形」のチェックが成功してから使いますというREQ制約(Require制約)を表しています。

3.4.2　原因結果グラフの描き方

　それでは、原因結果グラフの描き方を詳しく見ていきましょう。原因結果グラフは次のステップで作成します。

　　① 　原因と結果の因果関係の抽出
　　② 　ノードの配置とリンク
　　③ 　制約条件の書き込み

（1）　原因と結果の因果関係の抽出

　原因結果グラフを描くためには、仕様書から因果関係を抽出する必要があります。実は、初心者が最初につまずくのがこの部分です。教科書に載っている**図3.5**の原因結果グラフのような複雑な論理関係が仕様書に見当たらないというのです。

　これは、ある意味正しく望ましいことです。ソフトウェア開発は、ユーザーが抱えている課題、すなわち、ユーザー自身も言葉にうまく表現できないような問題を解きほぐして要求としてまとめます。次に、それらを分析・階層化するとともに、システムが実現することとユーザーが入力することの境を仕様としてまとめます。そして、それを実装・保守しやすいようにアーキテクトし、

詳細設計し、プログラミングするという行為です。

　つまり、**ソフトウェア開発は複雑で解くことが難しい問題をできるだけシンプルな問題に分解し再構築する作業**と見ることができます。複雑な論理関係が仕様に見当たらないということは、ソフトウェア開発が成功したということを意味するといってよいでしょう。

　混沌とした問題を整理していく過程で、問題は小さな要求に分解され階層化されます。そして、それぞれの小さな問題どうしはできるだけ関連性をもたず、互いに疎であるように設計していきます。したがって、そもそも仕様書から複雑な論理関係が次々と見つかるようでは、機能どうしに強い関連性があるということですから良い設計ではないケースが多いのです。

(a)　論理関係を示す用語の抽出

　原因結果グラフの因果関係の抽出では、そのような一見すっきりした仕様から考慮が不十分な論理関係を見つける必要があります。

　まず初めに、論理関係を記述するために使われる単語にマークをつけていきます。第1章で説明した三色ボールペンであれば青色でキーワードを囲っていきます。論理関係を記述するために使われる代表的な単語には、**表3.10**のようなものがあります。

(b)　因果関係の抽出

　論理関係を示す用語を見つけたら青色で言葉を囲み、続いて因果関係について整理します。最初は**表3.10**の∨の列にある単語を検索してマークするのがよいでしょう。実は、∧については「1.　〜する。2.　〜する。3.　〜する」といったように一見するとただの箇条書きが実は、∧でつながっているというケースが多いため、仕様書を読み込まないと見つからないからです（∨についても例示されているケースがあります）。

　文学の世界では主語や接続詞がなくても文意を読み取れるような文章が美しい日本語と呼ばれているのですが、仕様書においては、主語を省略せずに書き、

表 3.10　論理関係を示す用語

∧ : AND	∨ : OR	¬ : NOT	その他
かつ	または	でない	たがいに
〜と	〜か	ではない	排他的
すべて	〜ないし	ない	ひとつの
〜も	もしくは	ゼロ	ならば
および	さもなければ	ありえない	両方
ならびに	どちらか	全然〜ない	片方
そして	あるいは	ない場合	なお
また	相当する	少しも〜ない	順番で
そうすると	それとも	しない	ただし
そうなると	だって	行わない	中に
しかも	複数選択可	いえない	のみ
それから	〜や	以外	するため

　また、前後の文章の論理関係について誤解されにくい接続詞を使ってその因果関係を明確にするべきです。

　初めて原因結果グラフをつくるときには、練習として、エラーメッセージを原因結果グラフにしてみるのがよいでしょう。というのは、単一原因のエラーメッセージもありますが、多くのエラーメッセージは複数の要因が関係しているからです。複数の要因が重なってある条件ではこちらのメッセージ、別の条件ではこちらのメッセージが表示されるという場合があります。次の例題で確認してみます。

例題 3.3

　次のエラーメッセージ（結果）を導く原因の論理関係を抽出しなさい。

　　エラーメッセージ：「選択されたファイルは開くことができません」

原因 1. ファイルが存在しない。

原因 2. ファイルは存在するが取り扱えるフォーマットではない。

原因 3. フォーマットは正しいがファイルが壊れている。

原因 4. 他のソフトウェアが使用している。

原因 5. ファイルを開いている途中でメモリ不足が発生した。

本ケースでは、エラーメッセージ自体が結果となります。原因は、原因1〜5のどれかですから、

結果 ＝ 原因1 ∨ 原因2 ∨ 原因3 ∨ 原因4 ∨ 原因5

です。また、原因5はさらに、

原因5 ＝ ファイルを開いている途中 ∧ メモリ不足

という関係になっています。

実際には、原因2が成立するためには、原因1が成立しない（ファイルが存在する）必要がありますから、

原因2 REQ ￢ 原因1

といった関係が隠れています。これは、原因2が真になるためには、原因1が偽となることが必要という意味です。原因3、4、5も直前の原因が成立していないことが要求されます（制約の詳細については**3.4.3項**で説明します）。

このように、一見すると単純なエラーメッセージの羅列にも実は仕様書に明記されていない論理的な構造が隠れている場合があるので注意が必要です。

(2) ノードの配置とリンク

論理関係が抽出できたら、次は、原因・中間・結果ノードを配置し、それらをリンクでつなぎノード間の関係を表す「∧」(AND)、「∨」(OR)、「〜」(NOT)を書き込みます。なお、NOTは論理式で使われる「￢」記号ではなく「〜」となっていますが、これは図中のみの表現です。

先の例で、実際に描いてみます（**図3.6**）。

原因1〜5のどれかでエラーメッセージが出るので∨でオープンエラー（結果

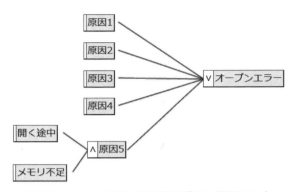

図 3.6　ファイル開の原因結果グラフ（制約なし）

ノード）にリンクしています。

　また、原因 5 は、「開く途中」という条件と、「メモリ不足」が重なったとき
に発生するので∧でリンクしています。

　ここで、原因ノードをソフトウェアの処理の順番に上から配置することが大
切です。最終的にできるデシジョンテーブルは、原因結果グラフの上にあるノ
ードから順番に書かれます。テストもデシジョンテーブルの上の行から順番に
実施しますのでここで、原因 3 →原因 1 →原因 4 →原因 5 →原因 2 といったよ
うにばらばらに置いてしまうと後々整理がたいへんになります。

（3）　制約条件の書き込み

　最後に、制約条件を書き込み、原因結果グラフを完成させます。

　図 3.7 は原因 4 までの制約条件を書き込んだものです。原因 2（扱えるフォ
ーマットではない）が成り立つためには原因 1（ファイルが存在しない）が偽に
なることが求められます。そこで、原因 2 から原因 1 に否定の REQ 制約がか
かっています。同様に、原因 3 が成り立つためには、原因 1 と 2 が偽であるこ
と、原因 4 が成り立つためには、原因 1、2、3 がすべて偽であることが必要で
す。

　「開く途中」と「メモリ不足」については、原因 1〜4 のすべてが偽であると

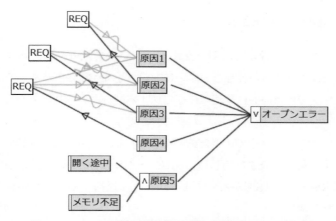

図 3.7　ファイル開の原因結果グラフ（制約あり：途中）

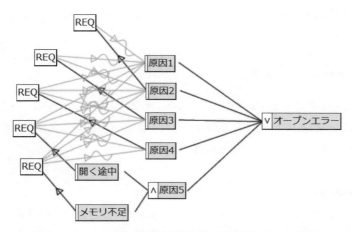

図 3.8　ファイル開の原因結果グラフ（制約あり：完成版）

きに初めてチェックされますので、それを書き加えれば原因結果グラフの完成
です。**図 3.8** は、完成した原因結果グラフです。

　制約には、これまでの例に出てきた REQ のほかに、ONE、EXCL、INCL、
MASK があります。制約の詳細は次項で説明します。

3.4.3　制約の詳細

原因結果グラフは前項で説明したように∧∨¬で成り立っています。しかし、それだけでは複雑な仕様を表すのに非常に手間がかかります。そこで、原因結果グラフでは補助的に論理関係を追加する制約という仕組みをもっています。

制約には、大きく分けて「集合を表す制約」と「順序を表す制約」の2通りがあります。集合を表す制約には、ONE、EXCL、INCL があり、順序を表す制約には REQ と MASK があります。つまり、原因結果グラフが使用する制約は全部で5種類です。

原因結果グラフに制約を追加することで、仕様から論理的にありえない組合せがデシジョンテーブルに出現しなくなります。逆にいうと制約が正しく効いていることの確認はデシジョンテーブルでは確認できません。制約自体のテストを追加してください。

（1）　集合を表す制約

それでは、集合を表す制約である ONE、EXCL、INCL から見ていきましょう。集合を表す制約は主に∨でつながれた原因ノードに対してかかります。なお、制約にも ¬ をつけることが可能です。

（a）　ONE 制約

まず、ONE 制約ですが、これは Only One（唯一）の略で、GUI のラジオボタンのように、どれか一つ必ず選択する場合に使用します。

図 3.9 は Google の入力部分です。検索範囲として「ウェブ全体から検索」と「日本語のページを検索」の2通りがあります。これは、どちらかを必ず選択した状態になります。したがって、原因結果グラフで表すと、**図 3.10** のようになります。

ONE 制約をかけることによって、「ウェブ全体から検索」と「日本語のペー

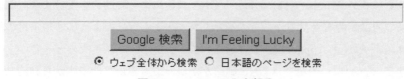

図 3.9　Google の入力部分

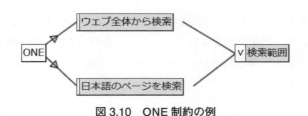

図 3.10　ONE 制約の例

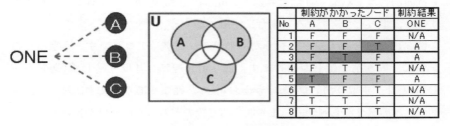

	制約がかかったノード			制約結果
No	A	B	C	ONE
1	F	F	F	N/A
2	F	F	T	A
3	F	T	F	A
4	F	T	T	N/A
5	T	F	F	A
6	T	F	T	N/A
7	T	T	F	N/A
8	T	T	T	N/A

図 3.11　ONE 制約

ジの検索」の両方ともが真または偽になることを防ぎます。ONE 制約をベン
図で表現すると**図 3.11** のようになります。

　図 3.11 は、ノード A、B、C に ONE 制約がかかったときのベン図と、その
ときに取りうる論理式を表しています。ベン図の中の U は集合全体を表し、
これを全体集合あるいは普遍集合(universal set)と呼びます。そのなかに部分
集合 A、B、C があり ONE 制約により A だけの領域、B だけの領域、C だけ
の領域に色がついています。

　右側の表は、A、B、C が取りうる論理式を表しています。1 行目は A、B、

C のすべてが F（False＝偽）ですから ONE 制約によって制約を受けます。制約結果の列は制約を受けるかどうかを示しており、1 行目のように適用不可の場合は、N/A（Not Applicable）と表示されます。2 行目のようにノード C が 1 つだけ T（True＝真）の場合は ONE 制約がかかっても適用可能ですから制約結果の列には、A（Applicable）と記入しています。

　ノードに制約をかけることによって、例えば、「A ∨ B ∨ C」という組合せ関係をテストしたいと思った場合、ノード A、B、C のすべてが F のケースはデシジョンテーブルに出さない、ということを行います。原因結果グラフからデシジョンテーブルへの変換の詳細については後ほど CEGTest ツールを使いながら学びます。

(b)　EXCL 制約

　次の制約は EXCL です。これは Exclusive（排他）の略で、どれか一つを選択するか、まったく選択しない場合に使用します。

　図 3.12 は文字飾りなどを行うためのフォントダイアログです。文字飾りの一つに「取り消し線」があります。取り消し線には「取り消し線（あいうえお）」と「二重取り消し線（あいうえお）」の 2 種類があり、文字に対して、普通の 1 本の取り消し線か、二重の取り消し線のどちらかの属性を付けることができます。また取り消し線の属性を付けないこともできます。これは、排他的な関係です。したがって、原因結果グラフで表すと、図 3.13 のようになります。

　EXCL 制約をかけることによって、「取り消し線」と「二重取り消し線」の両方が真になることを防ぎます。ただし、ONE 制約と異なり、両方とも選択されていない偽の状態も許します。EXCL 制約をベン図で表現すると図 3.14 のようになります。

(c)　INCL 制約

　集合を表す最後の制約は、INCL です。これは Inclusive（包含）の略で、少な

図 3.12　文字飾り

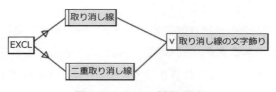

図 3.13　EXCL 制約の例

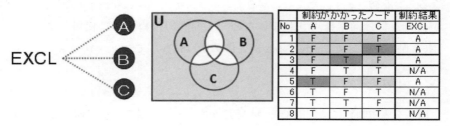

図 3.14　EXCL 制約

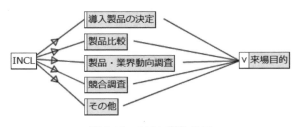

図 3.15　来場目的アンケート

図 3.16　INCL 制約の例

くとも一つは選択する場合に使用します。逆にいうと、まったく選択しないことを許さない制約です。

　図 3.15 はイベントの来場目的のアンケートシートです。複数の来場目的を選択することができますが、［その他］の選択肢があることから、一つもチェックしないことは許されない仕様とします。これは、包括的または包含的な関係です。したがって、原因結果グラフで表すと、図 3.16 のようになります。

　INCL 制約をかけることによって、これらチェックボックスのすべてが偽になることを防ぎます。ただし、∨をデシジョンテーブルに変換する際にすべてが偽の条件は通常採用されないため、この制約はめったに使用しません。INCL 制約をベン図で表現すると図 3.17 のようになります。

(2)　順序を表す制約

　順序を表す制約には、REQ と MASK があります。ここでいう順序とはプログラムの処理の流れのことを指しています。したがって、REQ と MASK につ

	制約がかかったノード			制約結果
No	A	B	C	INCL
1	F	F	F	N/A
2	F	F	T	A
3	F	T	F	A
4	F	T	T	A
5	T	F	F	A
6	T	F	T	A
7	T	T	F	A
8	T	T	T	A

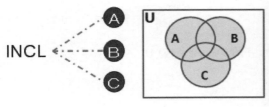

図 3.17　INCL 制約

いてはソフトウェアの設計・実装と対応していなければなりません。

順序を表しているため REQ と MASK には方向があります。それから、REQ と MASK については、原因ノード間の関係だけでなく、原因ノードと中間ノードの間の関係を示すこともあります。

(a)　REQ 制約

REQ 制約は、Require（前提）の略で、あるノードが真になるために、事前に真になっていることが必要となるノードを指定します。

図 3.18 は、**図 3.12** のフォントダイアログの一部で、「下線を付けるかどうか」「（付ける場合は）下線の色」の指定を行う箇所です。**図 3.18** では下線を選択していません。このとき、「下線の色」を選択するメニューは、選択不能になっています。

実は、**図 3.19** のように下線の種類を選択すると、初めて下線は選択可能となります。

この関係を、原因結果グラフで表すと、**図 3.20** のようになります。

図 3.20 の中央付近にある REQ 制約は、「下線の色を付ける」が真になる（色の選択が可能となる）ためには、下線の種類を何か選択しなければならないことを示しています。これは、操作の順序の制約を表しています。REQ 制約をベン図で表現すると**図 3.21** のようになります。

図 3.18　下線の色付け（その 1）

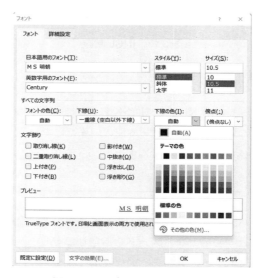

図 3.19　下線の色付け（その 2）

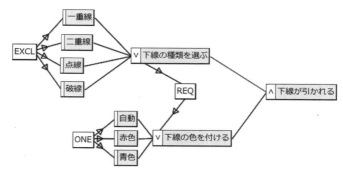

図 3.20　REQ 制約の例

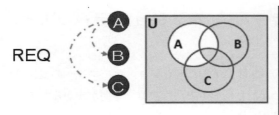

	制約がかかったノード			制約結果
No	A	B	C	REQ
1	F	F	F	A
2	F	F	T	A
3	F	T	F	A
4	F	T	T	A
5	T	F	F	N/A
6	T	F	T	N/A
7	T	T	F	N/A
8	T	T	T	A

図 3.21　REQ 制約

タイトル	高尾山ハイキング	
日時	2010/08/03　10:00	～
	2010/08/03　17:00	□終日

図 3.22　スケジュール管理のダイアログ（その 1）

タイトル	高尾山ハイキング	
日時	2010/08/03	～ 2010/08/03　☑終日

図 3.23　スケジュール管理のダイアログ（その 2）

(b)　MASK 制約

　MASK 制約とは、Mask（隠蔽）のことで、あるノードが真になると、Mask 制約で指定された 2 つ目以降のノードは真偽が確認できないことを表します。

　図 3.22 は、スケジュール管理用のダイアログです。図 3.22 では、スケジュールに登録するタスクのタイトルと、日時と、終日のタスクかどうかのチェックを受け入れられるようになっています。

　図 3.23 を見てください。

　図 3.23 は、図 3.22 と同じダイアログですが、［終日］にチェックしたため、日時から開始時刻と終了時刻が消えています。つまり、［終日］が真になると、開始時刻と終了時刻はなかったことになります。この状態のことを「終日のチェックが開始時刻と終了時刻を MASK した状態」といいます。

3.4.4　原因結果グラフからデシジョンテーブルへの変換

　作成した原因結果グラフから **3.3** 節で学んだデシジョンテーブルへの変換は、機械的に行うことが可能です。ただし、その方法は複雑で手間がかかるものなので、ツールを使うことをお勧めします。

　加瀬正樹氏が作成した CEGTest ツールは原因結果グラフを描くだけで、同時にデシジョンテーブルが生成されるツールです。

　CEGTest ツールは Google Chrome 4.0 以上、Firefox 3.5 以上、Opera 10 以上、Safari 4.0 以上、Internet Explorer 6 以上と各種のウェブブラウザに対応していますので多くの環境で使用できます。

　本項では、CEGTest の使い方とその過程で作成される表の意味について説明します。

（1）　CEGTest による原因結果グラフの作成

　CEGTest を使用してできることは、次の 3 つです。
　　①　原因結果グラフを描画
　　②　原因結果グラフを修正
　　③　デシジョンテーブルの自動生成

（a）　原因結果グラフを描く

　まずは、CEGTest の起動です。ブラウザで、次のウェブサイトにアクセスしてください。

　　http://softest.cocolog-nifty.com/labo/CEGTest/

⑺　CEGTest の起動

　図 **3.24** は、Google Chrome で CEGTest を起動した画面です。CEGTest の動作は Google Chrome が一番高速に動作するとのことですから、特に問題が

図3.24　CEGTest の起動画面

なければ Google Chrome を使用するのがよいでしょう。

　インターネットに接続していない状態で CEGTest を使用したい場合は、[ヘルプ] メニューの [最新版ダウンロード] を選択することで CEGTest 自体をパソコンにダウンロードすることができます。ダウンロードした zip ファイルを解凍し index.htm ファイルをダブルクリックで開いてください。

　一番上から、CEGTest のロゴ、メニュー（ファイル、表示、ヘルプ）、ツールバー（NODE、ONE、EXCL、INCL、REQ、MASK、／）、描画エリアがあります。

　起動直後は、描画エリアの左側のビューに更新履歴が表示されています。ここで、新機能やバグ修正内容を確認しましょう。確認が終わったら [NODE] ボタンの下にある [閉じる] ボタンを押して更新履歴は閉じてしまいましょう。なお、更新履歴は、ヘルプメニューの中にある [更新履歴] メニューからいつでも再表示することができます。

　使用方法は、［ヘルプ］メニューの［ヘルプ］を開くことにより確認できます。ここでは、前掲の図 3.20 の「REQ 制約の例」で示した原因結果グラフの作成を流れに沿って説明します。

⑷　ノードの入力
　ツールバーにある［NODE］ボタンを押すと、図 3.25 のように画面が変化します。
　図 3.25 では、［NODE］ボタンがへこんでいることと、ツールバーの下に黄色の帯で［ノードを配置する位置をクリックしてください］というガイドメッセージが出力されていることに注目してください。CEGTest では、このようにツールの状態をボタンの押下表示で示すとともに、ガイドメッセージで次にユーザーが実施すべきことを促しています。操作で何か困ったらガイドメッセージを確認し、次にボタンの押下状態をチェックするようにしてください。
　さて、［NODE］ボタンが押されている状態になっていることを確認したら、ガイドメッセージに従って画面のどこかをクリックします。すると、クリックした場所に図 3.26 のようなノード名入力用のテキストボックスが開きます。
　この状態でノード名を入力して［Enter］キーを押すとノード名を入力することができます。［Enter］キーを押さずに描画エリアをクリックすると、入力した文字列はクリアされます。図 3.27 はノード名に「強調表示する」と入力したところです。
　ここで、ノード名の箱に色がついて確定されたことと、ガイドメッセージに「強調表示する　を配置しました」と表示されていることを確認してください。

図 3.25　［NODE］ボタンを押したところ

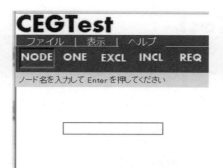

図 3.26　ノード名入力画面

図 3.27　ノード名を入力したところ

ノードを作成すると、描画エリアの右側に「デシジョンテーブル」と「カバレッジ表」が現れますが、ここでは気にしないでください。「デシジョンテーブル」と「カバレッジ表」については、後で説明します。

　［NODE］ボタンがへこんでいる間、CEGTest はノードを入力するモードになっています。したがって、描画エリア上の任意の場所をクリックして続けてノードを入力することができます。図3.28 は必要なノードをすべて入力したところです。

　ノード名の入力が完了しましたので［NODE］ボタンを押してノードを入力するモードを解除してください。そうすると、ツールバーにある［NODE］、［ONE］などのボタンがすべて押されていない状態になります。

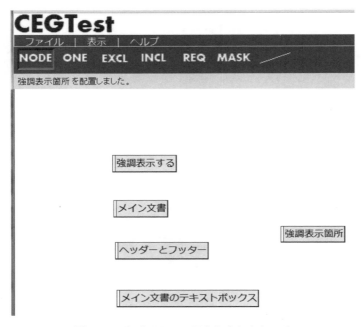

図 3.28　すべてのノードを入力したところ

　ツールバーのボタンがすべて押されていない状態でノードをドラッグ＆ドロップ（ノード上でマウスの左ボタンを押しながら移動してマウスの左ボタンを離す）することによりノードを自由な場所に移動することができます。

㈱　**リンクの入力**

　ノードが入力できたので、次にノード間の関係を入力します。つまり、ノードとノードの間にリンクを張ります。今回は、「メイン文書」と「ヘッダーとフッター」と「メイン文書のテキストボックス」の∨（OR）条件で「強調表示箇所」が決まりますのでその線を描いていきます。

　ノード間にリンクを張るには、ツールバーメニューの一番右にある［／］ボタンを押します。

　図 3.29 は、［／］ボタンを押したところです。ガイドメッセージに従って、

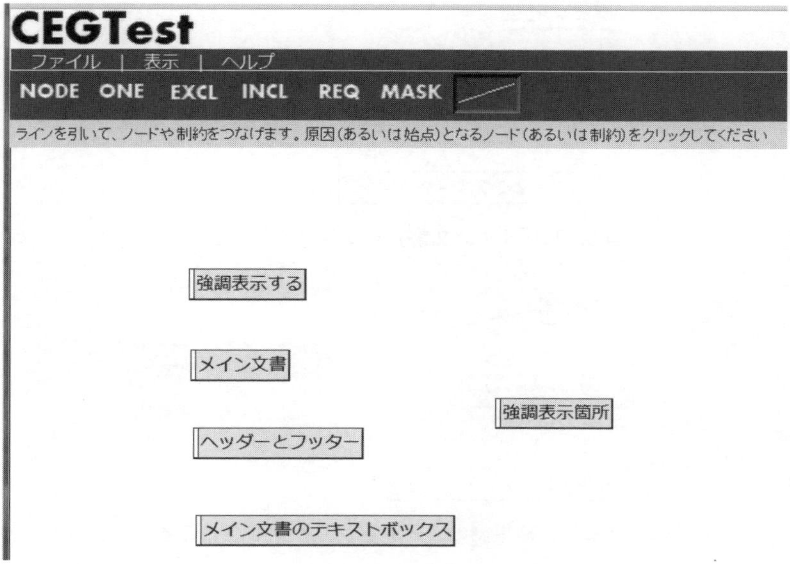

図3.29　［／］ボタンを押したところ

「メイン文書」をクリックしましょう。

　図3.30は「メイン文書」をクリックしたところです。「メイン文書」のノードの下に［原因］という表示が出ていることに注目してください。これは、選択したノードが［原因］側のノードですという意味です。ガイドメッセージには、「始点＝メイン文書」と表示されています。ここで、リンク先である「強調表示箇所」のノードにマウスを移動すると「強調表示箇所」ノードの下に小さく［結果］と出ますのでそのままクリックします。

　図3.31は「強調表示箇所」ノードをクリックしたところです。これからどういった論理関係を設定するのかを選択するポップアップが表示されています。今回は∨でつなぐので下の［［∨］を設定する］を選択します。もし、リンクを張るときに原因側のノードのNOTに対してリンクを張りたい場合は原因側のノードを選択した後にもう1回原因側のノードをクリックしてください。そうすると原因側のノードの下に表示された［原因］の文字が、［原因NOT］

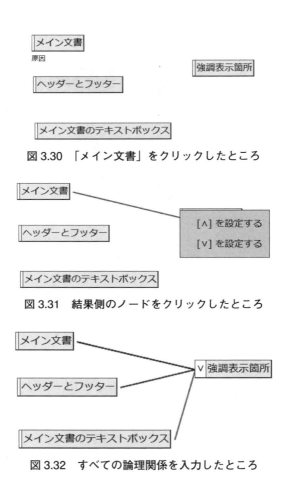

図 3.30 　「メイン文書」をクリックしたところ

図 3.31 　結果側のノードをクリックしたところ

図 3.32 　すべての論理関係を入力したところ

に変わり、その状態で結果側のノードをクリックすることにより「～」記号付きのリンクが張られます。

　図 3.32 は「強調表示箇所」に関する論理関係を入力したところです。「強調表示箇所」ノードの左側に［∨］印が出ていることがわかります。ツールバーメニューの［／］ボタンを押してリンク入力モードから戻りましょう。論理関係を設定した中間ノードや結果ノードにマウスをあてると、論理関係式が現れます（リンク入力モードのままでは表示されません）。

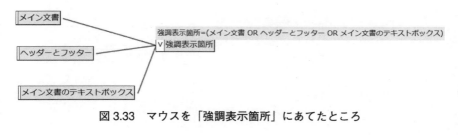

図 3.33　マウスを「強調表示箇所」にあてたところ

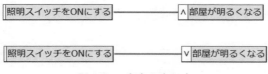

図 3.34　肯定の表し方

　図 3.33 は、マウスを「強調表示箇所」にあてたところです。

　　強調表示箇所 =（メイン文書 OR ヘッダーとフッター OR ……）

というように、∧∨といった論理記号ではなく AND/OR で表示されます。設定の勘違いがないことを確認しましょう。

㈑　肯定と否定の入力

　さて、特殊な論理関係に肯定と否定があります。

　図 3.34 はいずれも、「照明のスイッチを ON にすると部屋が明るくなる」という関係を原因結果グラフで表したものです。上は ［∧］、下は ［∨］でつながっていることに注目してください。実は、CEGTest では、このような 1 対 1 の肯定関係の場合、∧と∨のどちらで結んでもかまいません（否定関係の場合も同様です）。

　ただし、その仕様がもっている意味から∧と∨のどちらを使うか考えてみるのは有益です。

　図 3.35 は、図 3.34 の関係に原因ノードを追加し発展させたものです。上のほうの原因結果グラフは、すべてが T にならないと部屋は明るくなりませんので∧で接続されています。下のほうは、照明を点ける手段を詳細化していま

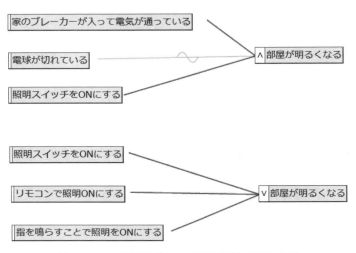

図 3.35　原因結果グラフの論理関係の進展予測

すので、∨で関係を結んでいます。自分が将来、どちらの論理関係を追加する可能性が高いか考えて 1 対 1 の関係であっても∧∨を選択するとよいでしょう。∧∨を考えているうちにテストに加えるべき原因ノードが見つかることもあります。

　なお、図 3.35 を一つにまとめることも可能です。

　図 3.36 は、図 3.35 の原因結果グラフの論理関係を一つにまとめたものです。ただ単に明かりをつけるという行為もこうして考えるとさまざまな論理関係で成り立っていることがわかります。よく考えると、照明機器の故障や、リモコンの電池切れなど、まだ図 3.36 に描かれていない原因もあります。

　このように、原因結果グラフを作成していると、「そういえば」といろいろな原因が見つかるようになります。ただし、見つかった原因をすべて入れてテストすることを勧めているわけではありません。図 3.36 のように一度すべての関係を明らかにしたうえで、「テストの目的、製品の特性、お客様の要求レベル、原因結果グラフのテストをする前に確認済みのこと」などを勘案して、テストする必要のないノードを削除して必要最小限の効率の良いテストを実施

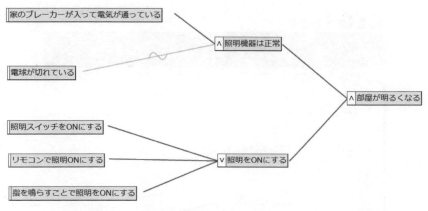

図 3.36　一つの原因結果グラフにまとめたところ

するようにしてください。

⑷　**制約の入力**

　最後は、制約の入力です。

　図 3.37 は、ツールバーの［ONE］ボタンを押して「ONE 制約の節点」を配置したいところをクリックしたところです。クリックした瞬間に、ツールバーの［ONE］ボタンから、［／］ボタンがへこんでいることに注意してください。CEGTest では制約のリンクも論理関係のリンクも［／］で行います。

　ガイドメッセージにあるように、対象ノード（この場合は「メイン文書」）をクリックします。続けて、「ONE 節点」をクリックし「ヘッダーとフッター」をクリックし、また、「ONE 節点」をクリックし「メイン文書のテキストボックス」をクリックすると ONE 制約の入力は完了です。制約のリンクについても否定のリンクを張る前に「ONE 節点」をクリックするとことで［節点］の文字が［節点 NOT］に変わりますのでその状態で原因ノードをクリックしてください。

　REQ 制約についてもガイドメッセージに従って同じように入力しますが、REQ 制約と MASK 制約については、一番目のノードは特別で矢印が REQ 側

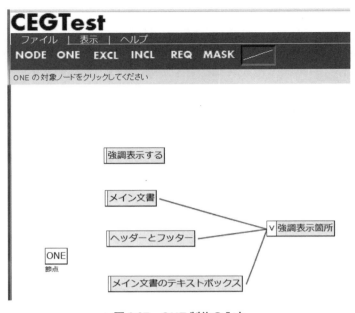

図 3.37　ONE 制約の入力

についていることに注意してください。

(b)　原因結果グラフを直す

　原因結果グラフの修正は、ツールバーの［NODE］や［ONE］などがすべて押し込まれていない状態で行います。

　図 3.38 は、ノードを右クリックもしくはダブルクリックしたときに出てくるポップアップメニューです。これを使ってノード関連の修正ができます。

　まず、プロパティを使うとノード名の変更ができます。

　図 3.39 はプロパティを選択したところです。ノード名を変更して［決定］ボタンを押すことによってノード名を変更することができます。このときに、まれにノード内のテキストボックスが折り返されるなど、画面表示がおかしくなる場合があります。その場合は、ファイルメニューにある［グラフ表示の調整］を選択してください。本メニューは CEGTest 内部で全体の書き直しを行

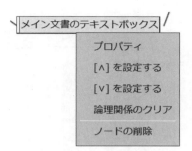

図 3.38　ノードの修正

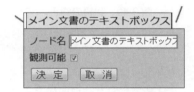

図 3.39　ノード名の変更

うことで描画の乱れを直します。

　プロパティシートにある［観測可能］チェックボックスは該当するノードの
真偽がテスターによって確認することができるか否かをチェックする欄です。
デシジョンテーブルの ｜obs｜ の表示に対応しています。｜obs｜ とは
observable の略で、そのノードの真偽をテストで確認（観測）できるか否かを
表しています。自分で設定した中間ノードなどはテスト中に真か偽か、その状
態を確認できないことがあります。そのような場合は ｜nobs｜、すなわち not
observable にしてください。ただし、CEGTest-1.7-20131013（執筆時のバージ
ョン）では、この設定についてはまだ機能していないようです。

　次の「［∧］を設定する」と、「［∨］を設定する」は、論理関係の設定を間
違えたときの修正です。なお、論理関係のリンクの真を偽（「〜」付き）へ変更
することはできません。その場合は、その次にある［論理関係のクリア］を使
用して、いったんその結果側のノードに対するすべての論理関係を消してから

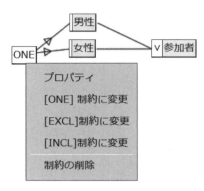

図 3.40　制約の修正

再度設定するか、リンクを切るようにマウスでドラッグすることで、一つのリンクを削除することができます。

　最後の「ノードを削除」は文字どおり論理関係を含めて当該ノードを削除します。現在のバージョンには Undo(やり直し)の機能はありませんから、ノードの削除のような大きな変更をする場合は、後で述べるファイルの保存を行うことをお勧めします。

　制約側の節点ノードについても右クリックもしくはダブルクリックでポップアップメニューが出ます。

　図 3.40 は制約の節点([ONE] などの制約ノード)をダブルクリックしたときに現れるポップアップです。このメニューを使って「制約の変更」と「制約の削除」が行えます。例えば、**図 3.40** において、当初は [男性]、[女性] をONE 制約で考えていたものを [男性]、[女性] の入力がなかった場合などのその他のケースが存在することを考慮し、EXCL 制約に変更することを簡単に行えます。

(c)　デシジョンテーブルの自動生成

　CEGTest では、ノードの追加や制約を入れた瞬間に描画エリアの右側にあるデシジョンテーブルと、カバレッジ表の内容が変わります。

　デシジョンテーブルと、カバレッジ表はドラッグ＆ドロップすることで描画エリアの好きな位置に移動することが可能ですので、原因結果グラフと重ならない見やすい位置に移動しましょう。なお、デシジョンテーブルと、カバレッジ表はダブルクリックすることで画面から消すことも可能です。［表示］メニューの［デシジョンテーブル表示］、［カバレッジ表示］を選択することによりいつでも描画エリアに再表示することができます。

　図3.41は、システムへのログインの原因結果グラフを表しています。システムにログインできるユーザには、「一般ユーザー」と「管理者」の2種類しかないとし、「ログイン」することを確認したいとします(今回はログインしないことはテスト対象としていません)。この場合、原因結果グラフに描かれたとおり、「一般ユーザー」と「管理者」は同時にログインすることができませ

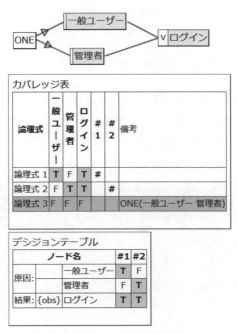

図3.41　ログインの原因結果グラフ

んから、これらのノードに制約 ONE がかかっています。

　ここで、カバレッジ表には∧∨に対して確認すべき論理式がすべて書かれています。T は真（True）、F は偽（False）を表しています。論理式 1 では、一般ユーザーでログインして成功するケース、論理式 2 では管理者でログインして成功するケース、論理式 3 はログインしないケースですが、今回は制約 ONE がかかっているため確認できない論理式ですのでモニター上ではグレイ（灰色）表示になっています。

　原因ノードが 2 つあるので、両方が真のケースもカバレッジ表に必要そうな気がしますが、∨条件で結ばれているため両方が真（正確には複数の原因ノードが真）のケースは優先順位が落ちてテスト対象から省かれています（∧で結ばれた場合は複数の原因ノードが偽のケースが省かれます）。

　カバレッジ表の#1 は、デシジョンテーブルの#1 つまり一番目のテストに対応しています。つまり、デシジョンテーブルの 1 番目のテストは論理式 1 を確認するためにつくられたテストに当たります。

（2）　原因結果グラフの作成のコツ

　ここまでの説明で、原因結果グラフが描ければ、CEGTest ツールを使用してデシジョンテーブルを得ることができるようになりました。デシジョンテーブルが得られれば、3.3 節と同様にテストケースを作成することができます。

　それでは、例題を解きながら使いこなしてみましょう。

例題 3.4

　次の携帯電話のロックに関する仕様（論理関係）から CEGTest を使用して、原因結果グラフとデシジョンテーブルを作成しなさい。

〈仕様〉

　ロック状態の携帯電話を解除するには、指紋認証を行うか端末暗証番号を入力する。

　この問題はロック状態に対して、指紋認証と、端末暗証番号入力の2つの解除方法があると書いてあります。したがって、原因ノードは、「ロック状態」「指紋認証」「端末暗証番号入力」の3つになります。

　ここで、「指紋認証」と「端末暗証番号入力」は、どちらもロック解除に必要な「暗証OK」の確認に使われていますので、∨で接続されます。このとき、「暗証OK」は中間ノードとなります。

　また、「ロック状態」でかつ「暗証OK」の場合にのみ「ロック状態解除」できるので、両者は∧で接続されます。

　ここで、「指紋認証」と「端末暗証番号入力」は同時にできませんのでEXCL制約がかかります。ONE制約でないのは、両方のケースで認証が失敗する場合があるからです。あとは、操作順を考えて上から順にノードを配置すればよいので、解答は、**図3.42**のようになります。

　ここで、原因結果グラフに慣れていない人は、仕様書に書いていない「暗証

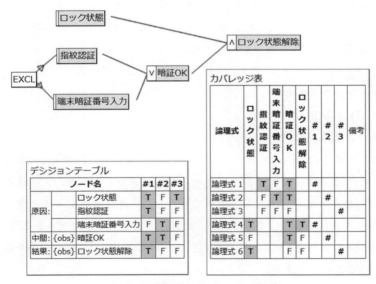

図3.42　携帯電話のロック解除

OK」という中間ノードをつくれなかったかもしれません。原因結果グラフを
すっきり描くためには、適切な中間ノードを見つけることが欠かせません。中
間ノードを見つけるコツは、結果ノードから原因結果グラフを描くことです。
今回の例でいえば、「ロック状態解除」が行われるためには何が必要かを考え
るのです。そうすれば、「ロック状態」であり、かつ認証がとおっていること
であることに気がついて適切な中間ノードが見つかります。

　今回、できあがったデシジョンテーブルを見て、「端末暗証番号入力」を使
用して、「ロック状態解除」されるテスト条件が抜けていることを心配される
方がいると思います。**原因結果グラフを用いたテストは複雑な論理関係の組合
せのテストであって、単機能確認テストではありません。**「端末暗証番号入力」
で、「ロック状態が解除」されるテストは「端末暗証番号入力」の単機能テス
トで先に実施しておく必要があります(「指紋認証」機能についても今回はたま
たま組合せが現れたと考えるべきで単機能テストをしておく必要があります)。
このように、もし、単機能テストをしていない状態で原因結果グラフのテスト
をした場合、重大な問題を見落とす可能性があります。

　さて、デシジョンテーブルができたところで、それぞれのノードについて、
TとFが現れていることを確認してください。原因結果グラフでは、それぞ
れのノードのTとFを確認するという網羅性をもっています。また、デシジ
ョンテーブルが3列ということは、テスト条件が3であるということに注目し
てください。原因ノードは3つあるので、$2^3 = 8$通りのテスト条件のなかから
自動的に3条件が選択されたということです。

　こうしてできた原因結果グラフやデシジョンテーブルは、ファイルに保存す
ることができます。ファイルメニューの［エクスポート(CSV)］を選択しそ
れぞれのテキストをCtrl＋Aですべて選択し、テキストエディタなどへコピ
ー＆ペーストして保存してください。なお、原因結果グラフデータ(CSV)は、
ファイルメニュー［インポート(CSV)］を用いることでノードの位置を含めて
復元することができます。

3.5 ▶ CFD 法

原因結果グラフと同様な場面、すなわち、複雑な論理関係の仕様から重要なテスト条件を漏らさない技法に CFD 法（Cause Flow Diagram）があります。CFD 法とは、松尾谷徹氏が開発したテスト設計技法で、「原因の集合」と「原因どうしのつながり」に着目し"流れ線"でつなぐことによって仕様を図式化し、そこからデシジョンテーブルを作成する技法です。

原因結果グラフと異なり、処理の流れ（Flow）が必要となりますので、「実装仕様」を理解する必要があります。もっとも、実装前に、CFD 法を用いて処理の流れを詳細に設計したのちにテストで同じ CFD 法でつくられたデシジョンテーブルを使うようにすれば設計自体の品質もあがり一石二鳥です（これを検証指向設計と呼びます）。

それでは、原因結果グラフで解いた問題を、CFD 法を用いて書いてみます。

例題 3.3（再掲）

次のエラーメッセージ（結果）を導く原因の論理関係を抽出しなさい。

エラーメッセージ：「選択されたファイルは開くことができません」

原因 1. ファイルが存在しない。

原因 2. ファイルは存在するが取り扱えるフォーマットではない。

原因 3. フォーマットは正しいがファイルが壊れている。

原因 4. 他のソフトウェアが使用している。

原因 5. ファイルを開いている途中でメモリ不足が発生した。

原因結果グラフではかなり複雑な図になりましたが、CFD 法では、**図 3.43** のようにすっきりと表現することができます。これを原因流れ図と呼びます。

原因流れ図は、原因結果グラフと比較してずいぶん読みやすくなったと思いませんか？　原因 1 では、ファイルが存在しているかのチェックを行います。

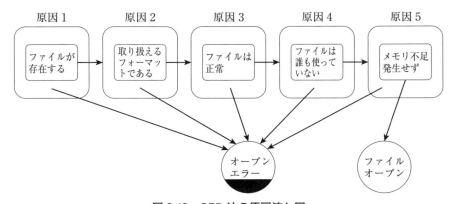

図 3.43　CFD 法の原因流れ図

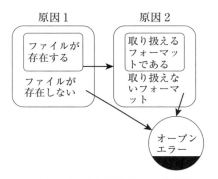

図 3.44　原因 1 を拡大したところ

ファイルが存在している場合とファイルが存在していない場合の 2 通りがあります。

　図 3.44 は原因 1 と原因 2 を拡大したものです。原因 1 はファイルの存在の集合で要素は「存在する」と「存在しない」の 2 通りです。内側の四角を「ファイルが存在する」とすれば、その補集合部分は「ファイルが存在しない」になります。CFD 法ではこのように**原因を集合で表現**することで**明示的に補集合についてテストの視点が届く**ことも特徴のひとつです。仕様書を文章で作成するときには「それ以外」(補集合)の存在については検討不十分のまま書き進

んでしまうことが多いものです。CFD法を使用することで仕様がより明確に図式化されます。

　図3.44では、原因1の内側の四角から原因2へ線が引かれています。これは、ファイルが存在するときのみ原因2の処理へ進むということです。補集合の場合は、オープンエラーへ処理は進みます。このように、CFD法では原因の集合を"流れ線"でつなぐことによって論理関係を表現しています。

　先ほど、原因1～5の配置の順序は、実際のプログラムの処理の流れと同じでなければならないと説明しました。実は、原因結果グラフではREQ制約をつけることでこの処理の流れを示していたのです。CFD法ではそれを図の配置で表現することでわかりやすく、また複雑な制約処理からテスト設計者を解放しています。

　さて、このように、CFD法で仕様を原因流れ図に変換することができれば、そこからデシジョンテーブルを作成するのは簡単です。線をたどっていけばよいのです。図3.45は説明のために図3.43に線番号をつけた原因流れ図です。

　1番目のテストは①→②→③→④→⑩、2番目のテストは⑤、3番目のテストは①→⑥、4番目のテストは①→②→⑦、5番目のテストは①→②→③→⑧、6番目のテストは①→②→③→④→⑨と、線を追っていけば表3.11のとおり

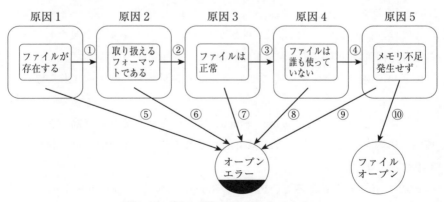

図3.45 "流れ線"に番号をつけたもの

表3.11　図3.45から作成したデシジョンテーブル

条件と動作	1	2	3	4	5	6
ファイルが存在	Y	N	Y	Y	Y	Y
取り扱えるフォーマット	Y		N	Y	Y	Y
ファイルは正常	Y			N	Y	Y
ファイルは誰も使っていない	Y				N	Y
メモリ不足発生せず	Y					N
ファイルオープン	X					
オープンエラー		X	X	X	X	X

デシジョンテーブルが完成です。

　表3.11は、CFD法で作成した原因流れ図から"流れ線"を追うことで作成したデシジョンテーブルです。特に複雑なことはなく、簡単に作成できることがわかると思います。もう少し複雑なケースを作成してみましょう。

例題3.5

　その自販機はPasmo、Suica、Edyだけを受け付け、残高があり、売切れでなければジュースを買うことができる(処理の順番も、カード、残高、在庫の順とする)。CFD法で原因流れ図とデシジョンテーブルを作成せよ。

　今度は、使えるカードに複数の種類があります。これも集合と見なして描くことで原因流れ図を作成できます(**図3.46**)。

　図3.46の線をたどっていくことでできたデシジョンテーブルは表3.12のとおりです。

　カードの種別として、Pasmo、Suica、Edyが存在しそれが残高や在庫に論理的な影響を与えるときには、**図3.46**やそれをデシジョンテーブル化した表3.12になります。

　ところが、よく考えると、Pasmo、Suica、Edyといったカードの違いは「カードという原因」に対する入力の違いであり、「カードという原因」の出力

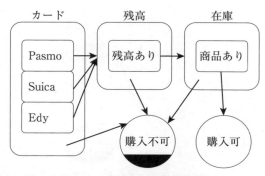

図 3.46　自販機の原因流れ図

表 3.12　図 3.46 から作成したデシジョンテーブル

条件と動作	1	2	3	4	5	6	7	8	9	10
Pasmo	Y	Y	Y	N	N	N	N	N	N	N
Suica				Y	Y	Y	N	N	N	N
Edy							Y	Y	Y	Y
残高あり	Y	Y	N	Y	Y	N	Y	Y	N	
商品あり	Y	N		Y	N		Y	N		
購入可	X			X			X			
購入不可		X	X		X	X		X	X	X

は「有効なカード」と「無効なカード」でしかないことに気がつきます。

　つまり、自動販売機でまず行うことは、カードの種別が受け付けられるか否かのチェックです。たしかに残高確認については、カードの種別によって特別な意味をもつかもしれません。しかし、カードの種別と在庫の有無を組み合わせたテストは意味があるとは思えません。

　経験的にも、カードを受け付け、残高があることが確認できた後に、Pasmoなら在庫があれば購入できて、Suicaならば購入できないということはないでしょう？　まずは、Pasmo、Suica、Edyといったカード種別については、他

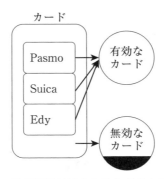

図 3.47　カードが受け付けられるかどうかの原因流れ図

表 3.13　図 3.47 から作成したデシジョンテーブル

条件と動作	1	2	3	4
Pasmo	Y	N	N	N
Suica		Y	N	N
Edy			Y	N
有効なカード	X	X	X	
無効なカード				X

の原因に影響を与えない独立したものとして考えてみましょう。

　図 3.47 は、Pasmo、Suica、Edy が有効なカードとして受け付けるかどうか
を確認するための原因流れ図です。図 3.47 から線をたどることで表 3.13 のデ
シジョンテーブルが得られます。

　表 3.13 のテストを先に実施しておけば、残高や在庫を結合したテストを実
施するときには、カード種別を「有効なカード」と「無効なカード」に粗く同
値分割することができます。同値分割を粗く適用していくことを CFD 法では
ズームアウトと呼びます。

　図 3.48 では、Pasmo、Suica、Edy の要素がなくなり、「有効なカード」に
ズームアウトされています。この状態であれば、デシジョンテーブルも表

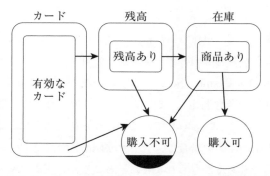

図 3.48 カード種別をズームアウトした原因流れ図

表 3.14 図 3.48 から作成したデシジョンテーブル

条件と動作	1	2	3	4
有効なカード	Y	Y	Y	N
残高あり	Y	Y	N	
商品あり	Y	N		
購入可	X			
購入不可		X	X	X

3.14 のようにシンプルなものになります。このように、**実装をきちんと分析していくことで、表3.12** の大きなテストを実施するのではなく、**表3.13** と表**3.14** のテストを実施すれば必要十分であることがわかります。

　さて、上記では、カード種別については、他の原因に影響を与えない独立したものとして取り扱いました。たしかに、カードと在庫については関係がなさそうです。しかし、カードと残高については関連性があるかないか不安が残ることもあるでしょう。

　そのようなケースでは、**表3.12** のような大きなデシジョンテーブルでテストするというのも一つの方法です。しかし、CFD 法では、「**無駄に全組合せをテストするのではなく実装を確認し効果的なテストを実施しなさい**」と教えて

います。

　実装を確認するとは、単体であればソースコードから、結合の場合はクロスリファレンスなどから各原因のデータ参照を分析するということです。本例題では、カードの種類Pasmo、Suica、Edyが、流れの後にある処理や条件（ここでは残高や在庫の条件判定）、または、その処理のなかで参照されている変数やデータをアクセス（書込み）しているかどうかを明らかにします。

　オブジェクト指向開発の場合は、データが隠蔽されてクロスリファレンスを解析しにくい場合もあるかもしれません。ところが、実際にやってみると多くのケースで隠蔽がきちんと実装されていないためクロスリファレンスが取れるようです。

　さて、分析の結果、想像したとおり、カードと在庫についてはたしかに関係がないが、カードと残高については関連性があったとします。その場合は、**図3.46**からデシジョンテーブルを作成するときに、カード種別と残高の組合せは考慮し、カード種別と在庫の組合せは無視します。

　こうしてできたデシジョンテーブルは**表3.15**のようになります。

　表3.15では、Pasmoの2列目に相当するものがSuicaとEdyでは現れないということに注意してください。残高と商品の組合せは1〜3列で確認してい

表3.15　図3.46から原因の依存関係を考慮して作成したデシジョンテーブル

条件と動作	1	2	3	4	5	6	7	8
Pasmo	Y	Y	Y	N	N	N	N	N
Suica				Y	Y	N	N	N
Edy						Y	Y	N
残高あり	Y	Y	N	Y	N	Y	N	
商品あり	Y	N		Y		Y		
購入可	X			X		X		
購入不可		X	X		X		X	X

るので、4〜7 列はカード種別と残高の組合せを確認するためのテストケースになっています。8 列目は無効カードのテストです。

　ここで、参考に原因結果グラフで解いたものを**図 3.49** に示します。

　原因結果グラフでは、CFD 法のズームイン・ズームアウトが中間ノードに対応していると考えるとよいでしょう。

　実は、CFD 法を開発した松尾谷徹氏もはじめは原因結果グラフを使用して、テストケースをつくり、バグ検出率を 3 年で 4 倍にしたそうです。しかし、原因結果グラフは、仕様から考えられるロジックをつくりそれをテストする技法ですから、誰にでも簡単に描くことができませんでした。松尾谷氏は元々回路設計を行っていたので、手順を伝えようとするのですが、うまくいきません。そこで、いろいろと調査したところ、実は、ソフトウェア技術者は論理回路をつくる電子設計技術者と異なり、原因結果グラフのようなグラフ型の思考パターンで論理設計しているのではなく、フローチャートで論理設計をしていることに気がついたそうです。そうであれば、テスト設計もフローを中心に論理を表せるようにしてあげればソフトウェア技術者にも使いやすいものになるので

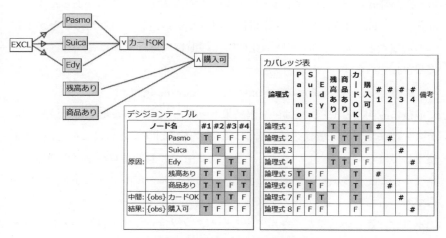

デシジョンテーブル

ノード名		#1	#2	#3	#4
原因:	Pasmo	T	F	F	F
	Suica	F	T	F	F
	Edy	F	F	T	F
	残高あり	T	F	T	T
	商品あり	T	T	F	T
中間:{obs}	カードOK	T	T	T	F
結果:{obs}	購入可	T	F	F	F

カバレッジ表

論理式	Pasmo	Suica	Edy	残高あり	商品あり	カードOK	購入可	#1	#2	#3	#4	備考
論理式 1				T	T	T	T	#				
論理式 2				F	T	T	F		#			
論理式 3				T	F	T	F			#		
論理式 4				T	T	F	F				#	
論理式 5	T	F	F			T		#				
論理式 6	F	T	F			T			#			
論理式 7	F	F	T			T				#		
論理式 8	F	F	F			F					#	

図 3.49　原因結果グラフでの解答

はないかと発想して生まれたテスト技法が CFD 法ということです。

3.6▶本章のまとめ

　本章では、複数の要因に論理関係がある場合のテスト技法について説明をしました。ドメイン分析テストでは、on/off/in/out といった用語の理解と、境界値をテストするために他の変数については in 状態にしておくことを説明しました。

　クラシフィケーションツリー技法では、入力を木構造で整理して、クラス間の組合せ方法を図示する方法について説明しました。

　デシジョンテーブルは、論理的な関係をテストする基本となる表です。ここでは、同じロジックをまとめるテクニックについて説明しました。なお、デシジョンテーブルについては JIS で標準化されていますのでさらに詳しく知りたい人はそちらも参照ください（JIS X 0125：1986 決定表）。なお、本規格については、JISC の「JIS 検索」サイトからも閲覧することが可能です。

　原因結果グラフは、論理関係を目で見える形で表現したものです。∧や∨といった論理式が出たことや、制約については多少難しいところがあったかもしれません。CEGTest で具体的な事例を解きながら慣れていただくことが上達への近道だと思います。なお、CEGTest の演習問題は次のウェブページにも掲載されています。

　http://softest.cocolog-nifty.com/blog/ceg-training.html

　最後に説明した CFD 法は、原因結果グラフの欠点である難しさを改善したテスト技法です。筆者は、開発者がロジックを設計するときにこの CFD 法を使用してほしいと考えています。そうすることで、自然にロジックの問題点が見つかることも多いものですし、図式化されているのでレビューがしやすいからです。もちろん、次工程のテストへもつながります。

　本章は、難しい話がたくさんでましたが、ソフトウェアの難しいところをテストするわけですのでテストも複雑になります。ソフトウェアテスト技術と併

せて、ソフトウェア設計技術、集合論、論理学について学習されるとよいでしょう。

演習問題

3.1

天気予報で、「山沿いでは雪が混じるでしょう。」と聞いたことがあるかもしれません。以下は、気象庁における地域の定義（明示的に盆地を定義した記述ではない）です。これらの定義から「平野部」「大きな盆地」「山間部」「山岳部」「山沿い」の違いを判定するデシジョンテーブルを作成しなさい。

> 平野部：起伏の極めて少ない地帯。盆地を除く。
>
> 平　地：「平野」と「大きな盆地」。「山地」に相対する用語。
>
> 山岳部：平野部に対して山地の部分。
>
> 山　地：山の多いところ。「平地」に相対する用語。
>
> 山沿い：山に沿った地域。平野から山に移る地帯。
>
> 山間部：山と山の間の地域。

3.2

骨董品とは、希少価値のある工芸品・美術品のことですが、下記に示す定義を今でも骨董品の評価の軸にしている鑑定士の方もいらっしゃいます。

CEGTest を用いて以下の骨董品の定義を表す原因結果グラフとデシジョンテーブルを作成せよ。

> 1934 年に米国で制定された通商関税法では、「製造時点から 100 年を経過した手工芸品・工芸品・美術品」を骨董品と定義しています。
>
> 骨董品は、「絵画・掛け軸」「焼き物・陶磁器」などさまざまな種類があります。

第 4 章

立体で捉える

「変化。それがつまり」ぼくもつい自分の唇を舐めてしまった。「たとえば、ここへ新入生がやってくるとか、そういう出来事を指しているの?」

「まさしくね。そのとおり。そいつは変化を好まないやつなんだよ。だから新入生がやってくると目を覚まし、牙を剥く。新入生だけにじゃなくて、ぼくたちみんなに向かって」

西澤保彦『神のロジック 人間のマジック』

私たちが日々格闘しているソフトウェアの多くはまったくの新規開発というよりも機能追加のバージョンアップや、新しいプラットホームへの移植といったものがその多くを占めています。

　このようなソフトウェアは、清水吉男氏の XDDP(eXtreme Derivative Development Process)などの発表から、派生開発と呼ばれることが多いものですが、開発や評価に十分な時間をかけられないことが悩みの種です。特に、開発の後に実施される評価、すなわち、ソフトウェアテストに対しては、新規開発行数に応じたわずかな工数しか与えられないケースが多いようです。そして、テストエンジニアはその工数(現実的には納期)の制約を受け入れ、そのなかで責任感を感じながらベストを尽くしています。

　ここに母体となる前バージョンのソフトウェアが1万行あり、そこに新たに1千行のソフトウェアを追加したとします。こうしてできた新しいソフトウェアは、1万1千行のソフトウェアですから、テストとしてはその分の工数が欲しいところです。ところが、実際に与えられる工数は新規開発の1千行分に毛が生えた程度です。

　母体となるソフトウェアに100個の機能が載っていて、そこに10個の新機能が追加されたとします。もし、ソフトウェアのアーキテクチャや、設計の工夫によって母体に存在していた100個の機能と新規追加分の10個の機能との間にまったく関連性がないことが保証されているなら、新規追加の10機能のテストを行うだけでかまいません。しかし、**新規追加機能によってこれまで表に出てこなかった母体のバグが魔物のように目を覚まし、バグとなって顕在化する**ことがよくあります。

　つまり、私たちは10倍あるいはそれ以上の大きさをもつ母体ソフトウェアと新規ソフトウェアが組み合わさることによって生じる関連性を効率的にテストしていく必要があります。

　第3章で考えたように、ソフトウェアの論理関係は面(二次元)で認識すべきものでした。それでは、本章で取り扱う組合せテストは機能の多次元と考えるべきでしょうか？　もちろん、そう考えて総当たりのマトリクスを作成してテ

ストするという考え方もあります。しかし、その方針では、すぐにテスト項目数は爆発し、テストしきれなくなります。

　そこで、本章では、ソフトウェア自体は第3章と同様に二次元で考えて、そこに組み合わせるべき「要因を選ぶ目線」を追加して立体(三次元)で考えます。「要因を選ぶ目線」はソフトウェアの利用者である「顧客の視点(6W2H)」となります。

4.1▶HAYST法

　HAYST法は、直交表を用いた組合せテスト技法です。第3章のドメイン分析テスト、クラシフィケーションツリー技法、デシジョンテーブル、原因結果グラフ、CFD法は、システムへの入力や条件に対して複雑な論理関係や順序関係がある場合にテストする手法でした。

　一方、HAYST法は、仕様上は機能と機能の間には関連する規則がないことが前提になっているテストです。機能と機能の間に関連がないことを「直交している」あるいは「無則」といいます。そういった直交している機能を組み合わせたときに「本当に問題が起こらないこと」を効率よく確認する方法が直交表をベースとしたHAYST法です。

　本章の冒頭で述べたとおり、ソフトウェアは、既存機能と新規追加機能の間には関係がなく、組み合わせて使ってもまったく問題がないように設計されます。ところが、"Nobody's Perfect. Everybody makes mistakes."といわれるように、完全な人間は誰一人としていませんから、どこかで意図しない組合せの問題が作り込まれてしまいます。そしてリリース後に「まさか、こんな組合せで問題が起こるとは想定外でした」という言い訳が繰り返されるのです。HAYST法はこの言い訳をしないために富士ゼロックス㈱で筆者らが考案し、改良を重ねた技法です。

4.1.1　HAYST 法を使う意義

　表 4.1 は、HAYST 法による簡単なテストです。「画面解像度」「ブラウザ拡大率」「ブラウザの文字サイズ」といった機能を因子、それぞれの機能に含まれている「1024 と 1920」「100％と 125％」「中と大」といった選択肢を水準と呼びます。

　表 4.1 のテストでは 2 水準の大きさの因子を 3 つ組み合わせたものになっています。1 回目のテストで、画面解像度「1024」と、ブラウザ拡大率「100％」、ブラウザの文字サイズ「中」の組合せをテストし、4 回目のテストで画面解像度「1920」と、ブラウザ拡大率「125％」、ブラウザの文字サイズ「中」の組合せをテストするといったように使います。つまり、行がテストケース、列名が因子、表中のセルが水準にあたります。

　ディスプレイの画面解像度と、ウェブブラウザの拡大率と、ブラウザのデフォルトの文字サイズは、それぞれ独立していて自由に設定できます。つまり、この 3 つの機能は直交しています。独立しているので本来、組合せテストは不要です。しかし、「本当に独立しているの？」「絶対に？」「命賭けてそう言える⁉」と聞かれたら、自信をもって命を賭けられる人はいないと思います。

　一般にソフトウェアは各機能に対して、それぞれを独立してつくろうと努力し開発されるものです。しかし、完璧に独立させることは難しく、どこかで意図しない関連性が生まれてしまうものです。そこで、表 4.1 のように（直交表をベースとした）HAYST 法を用いてテストをすることが重要となります。

表 4.1　HAYST 法による簡単なテスト

No.	画面解像度	ブラウザ拡大率	ブラウザの文字サイズ
1	1024	100％	中
2	1024	125％	大
3	1920	100％	大
4	1920	125％	中

　因子の数を n、すべての因子が同じ水準数 k をもっていたとします。このとき、もし、直交表を使用せずに総当たりで組合せテストを実施するとそのテスト項目数は k^n となり、因子数 n が増えると指数関数的に増加していきます。2水準をもつ因子が 10 個なら、$2^{10} = 1024$ 個のテスト項目数になります。

　次に、総当たりでなく、任意の 2 因子間の全水準組合せを取る方法で考えてみます。n 個の因子から任意の 2 個の因子を取り出す組合せ数は $_nC_2$ ですから、

$$(n \times (n-1)) \div (2 \times 1)$$

に、k^2 を掛けたものがテスト項目数になります。つまり、

$$(n^2 - n) \times k^2 \div 2$$

です。よって、テスト項目数は、因子数 n の 2 乗のオーダーで増加します。2水準をもつ因子が 10 個なら、

$$(10^2 - 10) \times 2^2 \div 2 = 180（個）$$

のテスト項目数になります。

　直交表を使用するとテスト項目数は、因子の自由度

　　　　（因子が保有する水準数 − 1）

の総和に 1 を足したものになることがわかっている[1]ので、

$$(k-1) \times n + 1$$

がテスト項目数になります。これは、因子数 n の一次関数的な増加になりますし、すべての水準数 $k \times n$ より少ない数です。すべての水準に対してテストをするのは単機能テストと同じことですから、テスト可能な項目数といえるでしょう。2 水準をもつ因子が 10 個なら、

$$(2-1) \times 10 + 1 = 11（個）$$

のテスト項目数になります（2 水準系直交表は 2 のべき乗の大きさしか存在しないため実際には直交表 L_{16} を使い 16 個のテスト項目数になります）。

　また、後で述べるペアワイズを使用すると、テスト項目数はさらに因子数 n の対数的な増加に抑えられます。例えば、後で述べるスライド法のアルゴリズ

---

1) 　直交表のサイズ見積りについては『ソフトウェアテスト HAYST 法 入門』を参照してください。

ムを使用した場合は、

$$2 \times (\sqrt{n}) \times (k - 1) + 2$$

と見積もることができます。2 水準をもつ因子が 10 個なら、

$$2 \times (\sqrt{10}) \times (2 - 1) + 2 = 8.324555 (個)$$

のテスト項目数になります[2]。

　表 4.2 は、すべての因子が 2 水準の大きさ（k = 2）のときに、因子数 n によってテスト項目数がそれぞれの方法でどのように変化するかを示しています。総当たり、2 因子間の全組合せ、HAYST 法については計算式から求めたもので、最右列のペアワイズは PICT というツールを用いて実測した結果です。

　総当たりのテストでは、たとえ自動実行ツールがあったとしてもテスト結果確認を考えるとテストしきれないことがわかると思います。また、「2 因子の全組合せ」を別々に実施していくよりもそれを 1 枚のテストマトリクスに組み

表 4.2　因子数（サイズはすべて 2 水準）とテスト項目数

因子数 n	総当たり テスト項目数のオーダー：$\langle 2^n \rangle$	2 因子間の 全組合せ $\langle n^2 \rangle$	HAYST 法 $\langle n \rangle$	ペアワイズ $\langle \sqrt{n} \rangle$
10	1,024	180	16	9
20	1,048,576	760	32	10
30	1,073,741,824	1,740	32	12
40	1,099,511,627,776	3,120	64	13
50	1,125,899,906,842,624	4,900	64	14
60	1,152,921,504,606,846,976	7,080	64	14
70	1,180,591,620,717,411,303,424	9,660	128	14
80	1,208,925,819,614,629,174,706,176	12,640	128	14
90	1,237,940,039,285,380,274,899,124,224	16,020	128	16
100	1,267,650,600,228,229,401,496,703,205,376	19,800	128	16

---

　2)　およそこのくらいといった数値なのでペアワイズのアルゴリズムによって具体的なテスト項目数は異なります。

上げた HAYST 法の効率性を感じていただけると思います[3]。ペアワイズでは
それがさらに少なくなっています。

　なお、ペアワイズでは同じ組合せが同一回数出現することを保証していませ
んので、テスト結果の解析が困難です。

　このように**選択する技法によって組合せテスト項目数は、大きく変化します。**
一般的に独立した多数の因子を組み合わせてテストする場合は、高信頼性や高
安全性が求められる一部のソフトウェアを除けば効率の面から HAYST 法（直
交表）またはペアワイズが使用されます。HAYST 法とペアワイズの使い分け
は、次のことから判断してください。

- 3 因子以上の組合せをバランスよく網羅的に多く出したい。
- テスト項目数をコントロールしたい。
- テスト結果を統計的に数値解析する必要がある。
- 複雑な禁則関係がある。
- テスト結果からバグの原因究明をしたい。
- ハードウェアの因子などの影響によって同じ組合せをテストしてもバグ
  が出たり出なかったりする。

　これらが重要な場合は HAYST 法を選択するとよいでしょう。これらがテス
ト設計に重要でない場合、すなわち、単純な禁則しか存在しないケースや、
小さな因子（4 水準以下）が多数存在するようなテストにはペアワイズが向いて
います。

4.1.2　因子と水準の抽出

　このように仕様上は因子と因子の間には関連がないことが前提になっている
テストでは、いわゆる「怪しい因子」を見つけて、それを HAYST 法、また
はペアワイズで表に組み上げてテストすることが重要です。

　仮に、その**「怪しい因子」を見つけ損ねてしまったら組合せテストのマトリ**

---

3)　100 因子のときに 19,800 ÷ 128 ＝ 154 倍の効率になっています。

クスにその因子との組合せは **1 件も現れない**からです。HAYST 法やペアワイ
ズによるテストにおいて、組合せの深さ（2 因子間、3 因子間……）よりも因子
の考慮漏れをなくすことが重要といわれているのはこの理由からです。

　それでは、具体的にどのようにしたらテストに有効な因子と水準が見つかる
か例題を解きながら考えてみましょう。

例題 4.1

　文字にアンダーラインを引く「下線」機能と組み合わせて使うと思われ
る機能を列挙しなさい。

とても漠然とした問題ですが少しずつ考えていきましょう。まずは、「下線」
機能の周辺を調べてみます。

　図 4.1 は、Microsoft Word の「下線」のミニアイコン（U）を配置している
「フォントリボン」です。

　「下線」アイコンの隣にあるアイコンを調べると「斜体」と「取り消し線」
であることがわかります。同じ並びに「太字」アイコンも配置されています。
一般的に GUI は関連するアイコンを近くに配置しますから「下線」と、「斜
体」「取り消し線」「太字」は組み合わせて使うことが多い可能性があります。

　次にもう少し周りを見てみます。Microsoft Word では「下線」のミニアイ
コンは「フォント」というリボンに配置されています。このツールバーの上に
は「文字フォント」「文字サイズ」「フォントの拡大・縮小」「大文字・小文字
変換」「書式のクリア」「ルビ」「囲み線」「蛍光ペン」「フォントの色」「文字の
網掛け」「囲い文字」などが並んでいます。これらは「フォントの書式を変更

図 4.1　下線（U）周辺のミニアイコン

図 4.2　段落リボン

する」ものばかりですから組み合わせて使うことが多いでしょう。また、フォントリボンの隣には段落リボンがあります。

　図 4.2 は段落リボンです。これらのミニアイコンも同時に使われることが多いと考えたほうがよいでしょう。

　さて、GUI から得られる情報の整理が終わったら次は 6W2H で考えてみます。6W2H とは、一般的にいわれる 5W2H、すなわち、いつ（When）、どこで（Where）、誰が（Who）、何を（What）、なぜ（Why）、どのように（How）、いくらで（How much）に、誰のために（Whom）を加えたものです。これらを考えることが「顧客の視点」でソフトウェアを見ることにつながります。

（1）　When、Where、Who について考える

　いつ（When）、どこで（Where）、誰が（Who）の 3 つは当該ソフトウェアを使用するときのユーザーシーンを定義します。例題の「下線」機能でいえば、ユーザーが「下線」を使う場面をこの 3 つの W を問いかけることで想像してみるのです。

　いつ（When）を問いかけることで「文書作成時」「文書校正時」などが見つかったとします。そして、「そういえば『文書校正時』には変更箇所を示すための下線も引かれているよなぁ。それと通常の下線の組合せは問題ないのかな？」と想像してみるのです。気になったらそれを因子として追加します。

　次に、どこで（Where）を考えると「職場の机で」「自宅で」「会議室で」といったシーンが思い浮かびます。それらと下線が何か関係するだろうか？「そういえば『会議室』のプロジェクターは解像度が表示可能な色数も少ないし、何か問題が起こるかもしれない」と思いつくかもしれません。「出力装置」

という因子を追加して「会議室」という水準をメモしておきます。大切なことは 6W2H を検討している段階では、「そんなの関係ないだろう」と切り捨てないことです。KJ 法やブレインストーミングと同じで、否定や批判は後にしてまずは思いつくままに因子や水準を列挙するのがよいのです。

　シーンの最後は、誰が(Who)です。どこで(Where)を想像したときに誰の姿を思い浮かべましたか？　多くの場合、自分を思い浮かべていたことでしょう。しかし、テストを考えるときには「自分」を中心に置いて他人のことを考えるようにしましょう。自分を中心にして、「Word の達人」「まったくの初心者」「外国人」「赤ちゃん」といった極端な人を想像してみるのです。「左利きの人でも使いやすいだろうか？」とか、「弱視の人にこの線は細すぎないだろうか？」といろいろ考えているうちに「キーボードだけで下線が引けるだろうか？」といったことを思いついたらその疑問をメモしておきます。

(2)　What、Why、Whom について考える

　ユーザーシーンを表す 3W の検討が終わったら次は、何を(What)、なぜ(Why)、誰のために(Whom)の検討をします。何を(What)は仕様、なぜ(Why)は要求、誰のために(Whom)は問題を見つけます。

　まず、何を(What)ですが、ここで仕様書やマニュアルを読み直します。ヘルプがあれば、「下線」と入力して検索してみるとよいでしょう。そうすることで下線に似た機能として「スマートタグ」(URL やメールアドレスにリンクが張られ点線が引かれる機能)が見つかります。「さて、スマートタグと下線を同時に使ったらどうなるのかな？」と思ったらメモしておきます。

　次に、なぜ(Why)です。これはその機能を搭載した理由や要求を引き出すキーワードです。また、その機能を設計するときに想定した状況や、機能の使用目的も見つかります。例えば「下線という機能が果たす目的はなんだろう？」と考えて「文字を目立たせるようにする」が見つかったとします。そうしたら、今度は逆に「文字を目立たせるようにする」ための他の機能はないだろうか？　と上に展開して考えます。多くの機能は GUI で近くに配置されて

いたものですが、そのほかにも背景に色をつけるとか、色紙(特別な用紙)に印刷するといったものが見つかることでしょう。それらは同じ目的を果たす機能ですから組み合わせて使用されるはずです。

　誰のために(Whom)は、なぜ(Why)に近いのですが要求の背景にある当該ソフトウェアが解決すべき問題を炙り出します。ソフトウェアのほとんどは人の生活を豊かにしてくれるものです。つまり、誰かのために実装された機能の集まりがソフトウェアなのです。「下線」という機能は誰のために実装されたのでしょうか？　文章を書いている人のためというよりも、書かれた文章を読む人のためですよね？　なぜなら文章を書いている人は、そこが重要と既にわかっているのですから。

　そのように考えを膨らますことで、文章を読む立場の人は紙に印刷されたものを読む場合が多いことに気がつきます。場合によっては拡大印刷や縮小印刷もするでしょうし、紙に印刷してから何度もコピーを繰り返すかもしれません。

　「波型の下線は果たして縮小印刷したときに画面で見たものと同じイメージで印刷できるだろうか？」。さぁ、「印刷方法」もテストする因子に加えましょう。

(3)　How、How much について考える

　6W2H の最後は、どのように(How)と、いくらで(How much)です。どのように(How)というのは、設計のことです。設計とは仕様をコンピュータ上に効率よく実装するために考慮したことです。アルゴリズムやクラス設計などがあたります。

　下線の設計を確認しましょう。下線は何種類あるのでしょうか？　それらはすべて下線という因子の水準の候補となりますが、アルゴリズム的にグループ分けできないでしょうか？　ここでは設計書や、場合によってはソースコードを読んで水準を探し、そのグループ分け(同値パーティション探し)をします。設計を確認することで正しく同値分割法を適用でき、適切な水準の数に収めることができるようになります。テスト技術者であっても必要に応じてソースコ

ードを読むようにしてください。

いくらで(How much)には2つの意味があります。一つは価格、もう一つは量です。このソフトウェアが販売される価格に対するお客様の期待レベルを考えます。「下線に対する WYSIWYG[4] はどの程度許容されるだろうか?」。これはどちらかというと因子を探すよりも期待結果のレベルの当たりをつけておく作業になります。期待結果には、機能が正しく動作することを確認するための情報のほかに、「機能がどのように動作するか」「パフォーマンスは?」「操作性は?」「信頼性は?」などの評価ができる情報が必要なことを忘れないでください。

そして、量について考えることも大切です。それによって、1ページに多種多様な下線を多数引いてみようといった負荷的な因子が見つかります。

4.1.3 FV 表

6W2H の問いかけによって、組み合わせるべき因子水準が見つかり、テスト対象の理解が進んだところで FV 表を作成します。FV 表は、Function Verification Table の略で、HAYST 法のなかで、テスト分析結果をまとめるための表になります。テスト分析で使用する表なので、他の技法でも使用します。FV 表の基本のフォーマットは、**表4.3** のとおりです。それぞれの項目について以下に説明します。

① **No.**

FV 表は階層構造をもちませんが、仕様書は階層構造をもつため、No.

表4.3　FV 表の基本フォーマット

No.	目的機能(Fr)	検証内容(V)	テスト技法(T)

---

4)　WYSIWYG とは "What you see is what you get." の頭文字を取ったもので見たとおりの出力が得られるという意味です。

列を仕様書の章・節番号「1./1.1/1.1.1」と合わせることによって結果として階層を表現しています。仕様書と FV 表を No. 列でリンクすれば仕様をテストへ反映していることの確認が楽になります。

② **目的機能(Fr)**

まず、テスト対象のソフトウェアの機能仕様書を開き、そこから、「機能」を取り出します。次に、機能をそのまま記入するのではなく、その機能がもっている目的について考え、それを目的機能列に記入します。ソフトウェアにはなんらかの製作意図、すなわち、果たすことが期待される目的があるはずです。それを FV 表では「目的機能」と呼んでいます。

「機能」ではなく、わざわざ「目的機能」を記入する意味は、開発とテストの違いに由来します。開発は、ソフトウェア製品というものをつくるのが仕事です。したがって、機能仕様書には、どのような動きをするかという「機能仕様」が書かれています。

ところが、ソフトウェアテストでは、**機能が仕様書どおりに「正しく動作」することの確認はもちろんのこと、ユーザーが求める「正しい動作」をすることを確認しなければなりません。**「正しい動作」とは、その機能が、ユーザーの目的(=したいコト)を達成することができるか否かということです。

世の中の商品を見ると、ほとんど使われていない機能があります。また、ときには何に使ったらよいかわからない機能すらあります。マニュアルはありますから、どのような機能かはわかりますが、何に使うのかわからないのです。

そのような機能は目的を見失っています。FV 表の目的機能を埋める際に、機能からその目的を掘り起こし、ユーザーが求める「正しい動作」を認識するようにします。

もし、目的機能を書くことが難しいと感じたときは、もう一度 6W2H に戻って主に Why、Whom、How much についてどのような因子を挙げたのか、その理由を考え直します。

③ **検証内容(V)**

　検証内容には、機能仕様書から発見した目的機能に対する検証内容を記述します。検証内容に書くものは、「どのようなテストをしたらユーザーの目的に叶う機能が作り込まれたことが確認できるか」ということです。**4.1.2 項**で求めた同時に組合せて確認をすべき 6W2H の因子を書くことになります。

④ **テスト技法(T)**

　テスト技法には、その目的機能をテストするために使用するテスト技法を記述します。HAYST 法、原因結果グラフ、CFD 法、1 スイッチカバレッジなど、どのような方法でテストしたら検証内容が確認できるかを記述します。実は、FV 表は HAYST 法のみで使用するべきではなく、すべてのテスト設計を行う前のテスト分析フェーズで使用すべきです。そして、この欄に HAYST 法と記載した目的機能についてのみ HAYST 法でテストするようにします。

　このように、FV 表の 1 行は、No. の列で仕様書がテストへ漏れなく反映されていることを確認し、目的機能でテストのための Why、検証内容の列で What を、そしてテスト技法の列で How を押さえるという関係にあります。

　ある機能が果たすことを求められている本来の目的を把握し、それが実現できたか否かを確認するために同時に組み合わせて確認すべき因子を記述し、最後に確認方法を記述します。これは、ソフトウェア開発における、課題(Why)、仕様(What)、設計(How)に対応します。

4.1.4　ラルフチャート

　FV 表を記述した後に、ラルフチャートを描いてテスト設計をします。ラルフチャートは、Ralph's chart の略で、もともと、ゼロックスの Ralph G. Faull が品質工学(タグチメソッド)による試験を行うための因子の抽出に好んで使用していた表の名前です。現在、品質工学のなかで、「プロセス・ダイアグラム」

「P-ダイアグラム」「システムチャート」と呼ばれるものとほぼ同じです。

　HAYST法で使用しているラルフチャートは、オリジナルのラルフチャートをソフトウェアテスト向けに改良したもので、内部変数を加えているところが特徴です。HAYST法で使用しているラルフチャートの、基本のフォーマットは、**図4.3**のとおりです。

　ラルフチャートでは、まず、図の中心にテスト対象となるシステムを構造がわかるように描きます。ラルフチャートは、左から入力を与え、それが右側に出力となって出るという図ですが、上にノイズ（およびアクティブノイズ）、下に内部変数の組合せを書き足すことが特徴です。

　システムの利用者は期待する結果を得ようとして入力を与えるのですから、入力は利用者の意思の表れといってよいでしょう。その利用者の期待を邪魔するものがノイズです。つまり、入力と出力の関係を乱す要因です。特別なノイズとしてアクティブノイズがあります。アクティブノイズとは、システムにいたずらをすることや、わざと破壊活動をするものです。セキュリティを破ろう

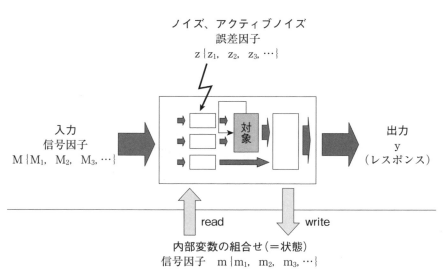

図4.3　ラルフチャートの基本フォーマット

といったクラック行為はアクティブノイズにあたります。

　内部変数の組合せとは、状態変数のことです。テスト対象は、入力をきっかけとして動作しますが、その過程で状態変数を読み込み、その値を更新し、書き出します。つまり、状態変数の値によって同じ入力であっても出力が異なります。状態については第5章でも再び取り上げます。

　図4.4は、NPO法人組み込みソフトウェア管理者・技術者育成研究会（Society of Embedded Software Skill Acquisition for Managers and Engineers：通称 SESSAME）の教材として有名な電子ポット（話題沸騰ポッ

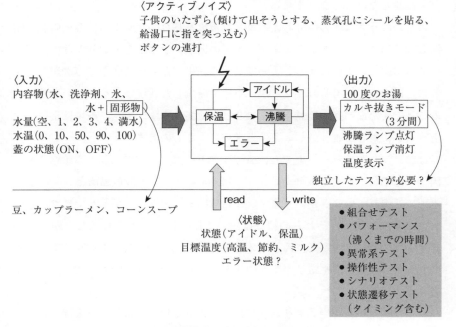

図4.4　電子ポットのラルフチャート

ト）の要求仕様書をもとに筆者がラルフチャート化したものです。話題沸騰ポットの要求仕様書は次の SESSAME のウェブサイトから入手することが可能です。

　　http://www.sessame.jp/

　ラルフチャートを作成する目的は、テスト全体を把握することと、因子・水準の抽出漏れを発見することです。**図4.4** ははじめから図4.4の因子・水準がすべて見つかった形で記載されているわけではありません。はじめは FV 表を書くときに 6W2H 分析を行って見つけた因子・水準だけです。それらの因子・水準を、まずラルフチャートに書き込みます。続いて、**第1章**で学んだ「間」「対称」「類推」「外側」を手掛かりとしてどんどん追加していくのです。

　特に、ノイズとアクティブノイズについては、入力と出力の関係を妨げる要因ですからすべての入出力が明らかになったあとに再度見直して漏れがないことを確認しなければなりません。

　はじめのうちは頭の中で考えるよりも市場不具合のなかからお客様固有の問題を抜き出しノイズとアクティブノイズの因子・水準として取り上げて、それをさらに厳しい条件にするとよいでしょう。まったく同じ問題でバグが発生することは少ないかもしれませんが、市場で発生した状況よりも厳しい条件にすることで新たなバグが発見されることはよくあります。また、市場は常にソフトウェアに対してより厳しい条件を求めてくるものです。

　なお、ラルフチャート上でも、6W2H や FV 表と同様に、多少違和感のある因子・水準についても取り上げます。**図4.4** のノイズで設置場所という因子の水準に「倒れている」があります。これは因子と水準の関係としてはおかしいものです。しかし、それらの精査は次の **4.1.5項** の FL 表を作成しながら行います。すなわち、FL 表に因子・水準をまとめるときに、因子名を「設置場所」から「設置場所や電子ポットの状況」に直すか、別の因子に切り出すかを考えます。

　ラルフチャートを完成させるまでは、テストで検討する領域を広げることに重点を置きます。

4.1.5 FL 表

ラルフチャートを描いた後には、実際にテストに取り上げる因子・水準を整理します。テストすべき因子・水準を表にしたものを FL 表(Factor Level Table)といいます。

HAYST 法ではテスト対象となるシステムを最終的に、この FL 表にまとめる因子・水準まで分解しています。FV 表およびラルフチャートを用いて発散思考(検討の枠を広げる思考)で広げたテストスコープを、FL 表を用いて集約させます。

今、集約させると述べましたが、発見したほとんどの因子については組合せテストの因子として採用したほうが、テストが成功します。というのは、直交表の性質上、因子の数が増えてもテスト回数はそれほど増えないからです。テストの効果を上げるため、FV 表およびラルフチャートを用いて発見した因子はできるだけ減らさない方向で検討します。

因子については減らさない方向で検討しますが、水準については精査が必要です。テスト時間は限られているため、因子がもつすべての選択肢である水準を組み合わせてテストすることは、たとえ HAYST 法を使用したとしても効率的ではありません。組合せテストの件数は、因子の数よりも因子がもつ水準の数に大きく左右されるからです。そこで、FV 表やラルフチャートで発見した因子の水準について、採用するか否かの妥当性を FL 表にまとめながら整理する必要があります。

(1) FL 表の形式

FL 表の基本のフォーマットは、**表 4.4** のとおりです。

表 4.4　FL 表の基本フォーマット

因子名(Factor)	水準 1	水準 2	…	水準 k	…	水準 n

　ラルフチャートのところで、因子には、入力、状態、ノイズ、アクティブノイズの4種類があると説明しました。FL表は因子の種類ごとに作成しますが、ノイズとアクティブノイズについては、その後の直交表への割り付け方法が同じであることと、厳密な区別が難しい場合があることから1枚にまとめます。つまり、入力、状態、ノイズ（およびアクティブノイズ）の3枚のFL表を作成します。なお、テスト規模が大きい場合はシステムを小さなサブシステムに分けてそれぞれで3枚ずつのFL表を作成します。

　次に、因子の並び順ですが、これは最終的に作成するテストマトリクスの列の並びに対応するため操作（テストオペレーション）がしやすいように並べ替えることが重要です。操作がしやすいということは、GUIであれば近くに配置されていることを意味します。

　また、水準の変更に手間がかかる環境設定などは、FL表の初めのほうにまとめておきます。というのは、直交表の性質上、直交表の左に位置する列ほど前後の行における水準の変化が少ないからです。些細なことですが、テストの効率を左右します。

（2）　FL表の例

（a）　メールソフトのFL表

　表4.5にFL表の具体例を示します。

　表4.5のとおり、水準は左詰めに埋めます。水準の数は因子によってバラバ

表4.5　メールソフトのFL表

因子名	水準1	水準2	水準3	水準4	水準5
プロトコル	POP	APOP	IMAP	WebMail	
セキュリティ	なし	SSL	TLS		
メールデータ	JIS	UTF-8	HTML	英語添付	日本語添付
送信元のソフト	Outlook	Thunderbird	Becky！		
OS	Windows 11	Vista	Windows 7	Windows 8.1	

ラですから表の右側は空欄のセルができます。また、水準2と3、水準4と5の間の罫線が二重になっているのは、HAYST法の因子の大きさ（水準数）が2のべき乗という制約があるためです。同様に水準8と9、16と17、32と33といったように、2^k と 2^k+1 の間の罫線を二重で書いておくとよいでしょう。

　表4.4、表4.5において、列タイトルの「水準1」にのみ下線が引かれています。この理由はHAYST法（直交表）では、1行目にすべて水準1が出現するという性質があるためです。

　直交表のこの性質を利用するために水準1については、その因子のデフォルトの水準をアサインします。こうすることで1行目（すなわち1回目）のテストがデフォルト状態での動作確認テストとなります。デフォルト状態での動作確認テストが合格することは組合せテストを開始できる大前提です。

　また、水準1をデフォルトの水準にすることで、単機能テスト（他をデフォルトとして一つだけデフォルト以外の水準を設定したテスト）を除いた組合せがより多く出現するようになります。

　表4.6は、L_4 直交表と呼ばれる直交表です。この表の水準1をデフォルトに置き換えると表4.7になります。

　表4.7の1行目は、すべてデフォルトの組合せになっています。また、2行目以降に単機能テストが出現していないことに注目してください。これは、L_4 直交表に限らず他の大きな直交表にも共通に現れる性質です。

表 4.6　L_4 直交表

No.	1	2	3
1	水準 1	水準 1	水準 1
2	水準 1	水準 2	水準 2
3	水準 2	水準 1	水準 2
4	水準 2	水準 2	水準 1

表 4.7　L₄ 直交表デフォルト割り付け結果

No.	1	2	3
1	デフォルト	デフォルト	デフォルト
2	デフォルト	水準 2	水準 2
3	水準 2	デフォルト	水準 2
4	水準 2	水準 2	デフォルト

表 4.8　水準タイプが入った FL 表

因子名	水準タイプ	水準 1	水準 2	…	水準 k	…	水準 n

(b)　水準タイプとは

　ところで、因子には Input、State、Noise、Active Noise という大きな種類とは別に、水準タイプをもっています。表 4.8 は、「水準タイプ」の列を加えた FL 表になっています。

　水準タイプとは、水準の型やクラスといったもので、水準の分類の意味です。表 4.9 に水準タイプを示します。

　ここで、注目してほしい水準タイプがあります。それは、複合(compound)タイプです。表 4.5 のメールソフトの例でいえば「メールデータ」が複合タイプになります。複合タイプは、複数の因子が隠れている因子ということですが、次の(3)⑨項で解説します。

　表 4.8 の FL 表のように、水準のタイプを明らかにしておくと、たとえHAYST 法の初心者であっても過去の FL 表を参考にして、良い水準を発見することができるようになります。例えば、水準タイプが「日付」の因子について FL 表に記載する場合、過去の FL 表から「日付」の因子を検索し、その水準を参考にします。テストケースそのものは、JSTQB の「テストの 7 原則」

表 4.9　水準タイプ一覧

水準タイプ	説　明
数値	整数(サイズ、符号付き)、浮動小数など
文字列	ユーザー名など
選択肢	リストやコンボボックスなど
日付	2022 年 7 月 10 日、令和 4 年 7 月 10 日など
時刻	午前 8 時 47 分、22：30 など
通貨	8,000 円、€300、$2,500 など
指数・対数	2^x や $\log(x)$ など
特別な関数	ガンマ関数など
複合	複数の要因が複合しているもの

で示されている「殺虫剤のパラドックス」のとおり、「**同じテストを何度も繰り返すと、最終的にはそのテストでは新しい欠陥を見つけられなくなる**」ので再利用が難しいものです。しかし、FL 表は水準タイプで、水準が抽象化されていますので、どんどん再利用するとともに、そこにアイデアを追加するようにしましょう。

　FL 表も FV 表と同様に、Excel などの表計算ソフトでまとめることをお勧めします。使い慣れたソフトウェアを用いることで、多くの人が FL 表に目をとおし、取り上げた因子・水準に対するレビューをすることが重要と考えるからです。

(3)　水準タイプ別の FL 表の作成方法

　FL 表の作成方法について、水準タイプ別に説明します。

　① 数　値

　　　数値については、同値分割法を適用した後に境界正常値を取り上げます。

　　例えば、0＜x≦10(ただし x は整数)であれば、1 と 10 を選択します。と

いうのは、組合せテストであるので、異常値である 0 を入れてしまうと、x が 0 のテストがすべてエラーになってしまい、他の組合せ結果を隠してしまうからです。一般に**組合せテストの場合、水準に異常値を含んではなりません。**

異常値のテストについては、一つだけ異常値を含む異常値の単体テストを別途実施します。この際に、異常値以外の因子について直交表を用いて組合せ作成しておくと、さまざまな因子・水準をセットした状態での異常値の単体テストを実施できるので、他の因子をすべてデフォルト水準にしておくよりも、良いテストになります。

ところで、数値には整数値だけでなく実数値も存在します。**第 2 章で述**べたとおり、実数値の場合、境界値がわかりにくい場合があります。例えば、x<10.0 といったケースです。異常境界値として 10.0（on 点）を取り上げるのは素直ですが、対応する正常境界値（off 点）について、9.9 でよいのか 9.9999 がふさわしいのか仕様に明確でない場合も多いものです。このようなときには、変数 d を導入し「10.0−d」としておいて、あとで、d について 0.1 でよいか、0.0001 にすべきか検討するようにしてください。

② 文　字　列

例えば、ユーザー名として、大文字アルファベット A〜Z、小文字のアルファベット a〜z、数値 0〜9 が許されているとします。組合せテストの水準には異常値は含まないので A〜Z、a〜z、0〜9 を用いて水準を作成します。

このときに、長さという観点を忘れずに考慮することが大切です。「0 文字（ユーザー名なし）は許されるのか？」「最大長は何文字か？」などを確認して、その文字列長の水準を作成します。

③ 選　択　肢

選択肢については、通常はすべて水準とします。というのは、選択肢は後で述べる複合タイプの場合が多いからです。もし、選択肢について取り上げる水準を減らしたい場合は、実装に立ち入って同じとみなしてよい水

準を見極める必要があります。

④　日　　付

　日付は、入力可能な日付の両端をテストします。また、閏日について、400 で割り切れる閏年（例：2000 年 2 月 29 日）、100 で割り切れ 400 で割り切れない平年（2100 年 2 月 28 日）、4 で割り切れ 100 で割り切れない閏年（2020 年 2 月 29 日）、平年（2021 年 2 月 28 日）はテスト対象の性質から必要性を検討します。なお、西暦・和暦については、別の因子にします。

　第 2 章で述べたとおり、期間を指定するときの日付について注意が必要です。特に、XX 日までといった場合、「XX 日は含むのか含まないのか？」「終日（一日中）を指定する方法は、指定日と指定日＋1 日なのか、指定日と指定日なのか」といった点についての外部仕様と内部仕様を確認して、その正常境界値をテストします。外部仕様は後者（指定日と指定日）で内部処理的には前者（指定日と指定日＋1 日）をデータとしてもっている場合が多いからです。9 月 1 日から 9 月 3 日の会議とユーザーが指定したときには 9 月 3 日に会議は行われることでしょう。

⑤　時　　刻

　時刻についても、入力可能な時刻の両端をテストします。また、時刻の場合、12 時間表示と 24 時間表示があるので特に昼と夜の 12 時（0 時）に注意するようにします。時刻の期間についても日付同様に注意が必要です。会議を 1 時から 3 時と指定したときに、3 時 10 分は会議時間に含まれないでしょう。日付のケースと比較しながら注意深く取り扱ってください。

⑥　通　　貨

　通貨については、日本のように整数値で済むケースと、欧州のように小数値が必要なケースがあることに注意が必要です。また、日本であっても為替の計算のように小数値が必要となるケースも多いものです。また、桁区切り文字についてもカンマなのかピリオドなのか国によって異なりますので確認が必要となります。

⑦ **指数・対数**

　特に指数の場合、値がすぐに大きくなるため有効値ぎりぎりを選択すると、その水準の効果が大きくなりすぎて他の組合せ結果を判定することが困難となる場合があります。そのような場合は、通常使われる値までを組合せテストで実施し、それより大きな値については別途テスト設計するのがよいでしょう。

⑧ **特別な関数**

　内部に特別な関数が存在するときには、特別に使用頻度が高い値や、変化が途切れている場合があります。このような場合は、市場の利用状況を確認する必要があります。

⑨ **複　　合**

　因子のなかには、複数の因子が隠れている場合があります。**表 4.10** に**表 4.5** のメールデータ部分を再掲します。

　この因子は相手のメールソフトから送られたメールのことですが、よく見ると、**表 4.11** のような因子・水準が隠れていることに気がつきます。

　一般的に**複合因子は、複数の小さな因子に分割したほうが良いテストとなります**。分割することによって、因子数は増えますが、総水準数はあま

表 4.10　FL 表(例：メールソフトのメールデータ因子：分離前)

因子名	水準 1	水準 2	水準 3	水準 4	水準 5
メールデータ	JIS	UTF-8	HTML	英語添付	日本語添付

表 4.11　FL 表(例：メールソフトのメールデータ因子：分離後)

因子名	水準 1	水準 2	水準 3	水準 4
本文の文字コード	JIS	UTF-8		
メール形式	プレーン	HTML		
添付データ	なし	あり		
添付ファイル名	英語	日本語		

り変わらないので、直交表のサイズは増えません。むしろ、大きな因子が減ることで直交表のサイズが小さくなることが多いものです。

しかも、分割前では出現しない組合せも分割後の因子を使うと組合せが現れることから、より多くのバグが検出できることが期待できます。

表 4.10 の水準 1 で示されたメールデータは表 4.11 でいうと、「JIS ＋プレーン＋なし＋（添付がなしなので禁則）」と思われます。水準 2 は「UTF-8 ＋プレーン＋なし＋（添付がなしなので禁則）」、水準 3 は「JIS ＋ HTML ＋なし＋（添付がなしなので禁則）」、水準 4 は「JIS ＋プレーン＋あり＋英語添付」、水準 5 は「JIS ＋プレーン＋あり＋日本語添付」でしょう。

したがって、表 4.10 の分割前の因子を用いたテストでは、例えば本文が UTF-8 の場合で、添付ファイルがついたテストデータはない、ということになります。表 4.11 のようにすることで、より多くの組合せがテストされることになります。

4.1.6　禁 則 処 理

前項までで、組合せテストを実施したい因子・水準の洗出しができました。しかし、ソフトウェアのテストの場合、同時に組み合わせることができない水準があります。HAYST 法では、この同時に組み合わせることができない水準の情報を禁則マトリクスという表に整理して直交表へ割り付けを行うときに回避処理をとっています。

表 4.12 は、禁則マトリクスの例です。X^2 のような上付き文字と、H_2O のような下付き文字は同じ文字に対して同時に設定することができません。そこで、

表 4.12　禁則マトリクス

		下付き	
		なし	あり
上付き	なし		
	あり		■

この組合せが出現しないようにします。

　具体的には、新たに「上付き・下付き」という因子をつくり、その水準を「なし・なし、なし・あり、あり・なし」とします。こうしてできた新しい因子にははじめから禁則が入っていませんから通常どおり割り付けることができます。

　ここで、「上付き」を条件因子、「下付き」を禁則因子と呼びます。本例では「上付き因子のあり」という水準が「下付き因子のあり」という水準に禁則を与えていると読みます。本例は、たまたま逆でも成立する禁則ですが方向をもつ禁則もあります。

　現実の禁則回避は、非常に複雑になります。上で述べた禁則回避手法は、「相互排他因子融合手法」という名前がついています。なお HAYST 法では、「相互排他因子融合手法」のほかに「多層化手法」「可変因子手法」を使用して禁則を回避しています。

　禁則回避処理の詳細については拙著『ソフトウェアテスト HAYST 法 入門』を参照してください。

4.1.7　直交表への割り付け

　『ソフトウェアテスト HAYST 法 入門』で使用している直交表については、次のウェブサイトに置きました（"OA.xls" で検索してください）。

　　https://note.com/akiyama924

　L_{32}（8 水準の因子が 1 個、4 水準の因子が 6 個、2 水準の因子が 6 個の直交表）または、L_{64}（8 水準の因子が 6 個、4 水準の因子が 5 個、2 水準の因子が 6 個の直交表）が使いやすいと思います。また、次項で述べるスライド法を用いれば、L_{64} を 5 個横並びにして、二段組にすることで、8 水準の因子が 26 個、4 水準の因子が 25 個、2 水準の因子が 26 個の代数的手法でつくったペアワイズ表ができます。多くのテストをこうして作成した 128 行の大きさの組合せ表に割り付けることができるでしょう。

　筆者の経験でも、L_{64} を 5 個横並びにして使用するケースが多いです。あま

表 4.13　HAYST 法で使用する直交表

直交表	それぞれの水準数が入る因子の数（列数）					
	2 水準	4 水準	8 水準	16 水準	32 水準	64 水準
L_4	3					
L_8	4	1				
L_{16}		5				
L_{16}	8		1			
L_{32}		8	1			
L_{32}	16			1		
L_{64}	4	15	2			
L_{64}	3	6	6			
L_{64}			9			
L_{64}		16		1		
L_{64}	32				1	
L_{128}	12	10	10	1		
L_{128}	48	16			1	
L_{128}	64					1
L_{256}	11	21	13	6		
L_{256}				17		
L_{256}	52	34	10		1	
L_{256}		64				1

り大きな表になってもテストがたいへんなわりに効果が薄いからです。直交表の大きさよりも因子の抽出漏れに注意することをお勧めします。

　表 4.13 は、HAYST 法が使用している直交表の基本的変形パターンです。自分がテストしたい因子の大きさと数からどの表が適切か選択することになります。

4.1.8 網羅率の確認

　HAYST 法によるテストの網羅性について考えてみます。直交表は無限とも
いえる大きさの総当たり組合せ表から任意の 2 因子間の全水準の組合せが存在
する行を抜き出したものになっています。これを 2 因子間網羅率 100％と定義
します。

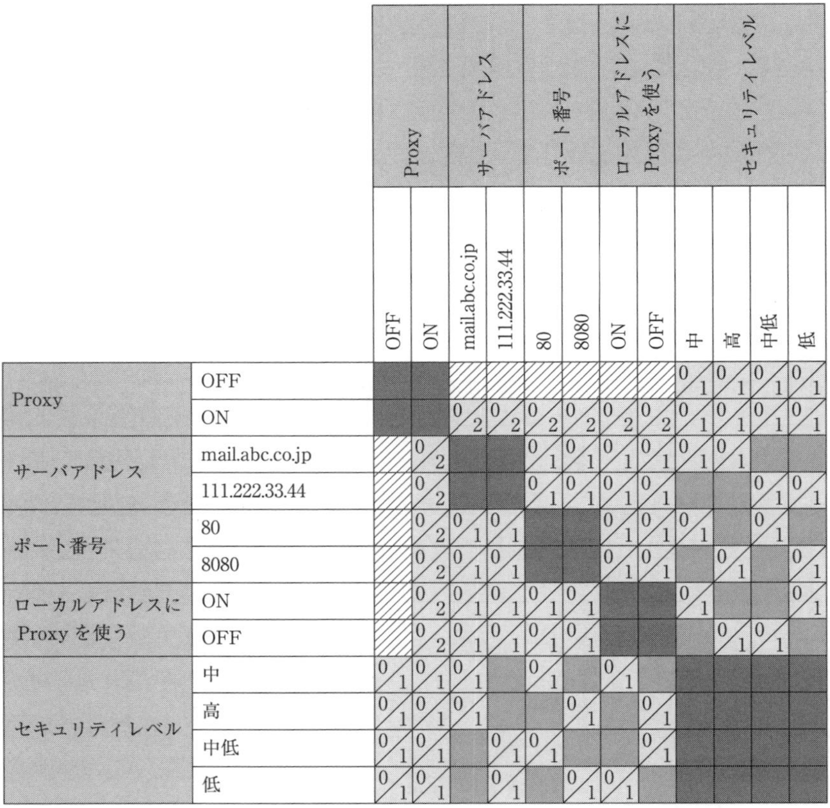

		Proxy		サーバアドレス		ポート番号		ローカルアドレスに Proxy を使う		セキュリティレベル			
		OFF	ON	mail.abc.co.jp	111.222.33.44	80	8080	ON	OFF	中	高	中低	低
Proxy	OFF	■	■	▨	▨	▨	▨	▨	▨	0/1	0/1	0/1	0/1
	ON	■	■	0/2	0/2	0/2	0/2	0/2	0/2	0/1	0/1	0/1	0/1
サーバアドレス	mail.abc.co.jp	▨	0/2	■	■	0/1	0/1	0/1	0/1	0/1	0/1	▦	▦
	111.222.33.44	▨	0/2	■	■	0/1	0/1	0/1	0/1	▦	▦	0/1	0/1
ポート番号	80	▨	0/2	0/1	0/1	■	■	0/1	0/1	0/1	0/1	▦	▦
	8080	▨	0/2	0/1	0/1	■	■	0/1	0/1	▦	▦	0/1	0/1
ローカルアドレスに Proxy を使う	ON	▨	0/2	0/1	0/1	0/1	0/1	■	■	0/1	▦	0/1	▦
	OFF	▨	0/2	0/1	0/1	0/1	0/1	■	■	▦	0/1	▦	0/1
セキュリティレベル	中	0/1	0/1	0/1	▦	0/1	▦	0/1	▦	■	■	■	■
	高	0/1	0/1	0/1	▦	0/1	▦	▦	0/1	■	■	■	■
	中低	0/1	0/1	▦	0/1	▦	0/1	0/1	▦	■	■	■	■
	低	0/1	0/1	▦	0/1	▦	0/1	▦	0/1	■	■	■	■

凡例） ■ 同じ因子の組合せ、 ▦ 直交表に出現しなかった組合せ、 ▨ 禁則の組合せ

図 4.5　総当たり表

2 因子網羅率がとれている様子を表現した表を総当たり表と呼んでいます。

前掲の図 4.5 は総当たり表の例です。直交表は L₈ を使用しているのですが、禁則の組合せがあるために出現していない組合せが現れています。図 4.5 の組合せに関する情報は次のとおりです。

- すべての組合せ数：56 個（右上半分のセルの数）
- 直交表に出現した組合せ数：38 個（数値が入っているセルの数）
- 禁則の組合せ数：6 個（斜線の網掛けで表現されているセルの数）

したがって、2 因子間網羅率は、次の計算式で求められます。

$$38 \div (56 - 6) \times 100 = 76.0 (\%)$$

経験上、2 因子間網羅率は、80％以上が望ましいため一つ上の L₁₆ を使用することを考えます。L₁₆ を使用すると、2 因子間網羅率は、次のように変化します。

$$46 \div (56 - 6) \times 100 = 92.0 (\%)$$

このように、HAYST 法では、総当たり表を書き、網羅率を計算して組合せテストの網羅性を判定しています。

4.1.9　HAYST 法を用いたテストの実施

テストを実施するに当たり、「組合せ結果が複雑なのでテストの期待結果を書くことができない」とか、「期待結果を含めた自動化が難しい」といった声を聞くことがあります。

実際に、筆者が経験した例では、因子数が非常に多く 1 項目のテストに 1 時間かかるケースもありました。それはいくつかのハードウェアを順番に操作し、テスト途中での応答（例えば、ボリュームを上げたら音が大きくなる）を確認しながらテストを進めるタイプのテストでした。

このような場合は、たしかに自動化が困難な面もあります。たとえ、ロボットなどでテスト操作（水準の入力）を自動化できたとしても、そのときの音量や音質を人間が聞き分けないとテストにはならないからです。

しかし、多くの場合は、単機能テストがテストの結果確認を含めて自動化で

きていればそれを用いることで自動化することが可能です。というのは、**直交表によるテストは要因間に関連性がないことが前提なので、それぞれの水準が正しく出力に反映されていることを個別に結果確認すればよいからです**。もちろん、システムテストなどの後半のテストになればなるほど水準を入力する部分の作り込みが必要になりますが、派生開発が多い今日、テスト資産として価値のあるものになることでしょう。

4.2 ▶ペアワイズ

前節では、HAYST 法を用いて、因子・水準を洗い出し、禁則処理を用いながら直交表に割り付けることを行いました。この直交表を用いたテストと同じ目的をもつテストにペアワイズがあります。

したがって、前節の HAYST 法で説明した因子・水準の抽出方法と、禁則情報のまとめ方（禁則マトリクス）まではペアワイズでもまったく同様に活用することができます。

ペアワイズでは、PICT および PictMaster というツールがフリーで入手できますので本節ではそちらを中心に説明します。これらのツールを使用することによって組合せ表への割り付けを自動的に行うことができます。

4.2.1 ペアワイズテストとは

直交表を用いたテストでは、任意の 2 つの因子を取り出して、その水準の組合せを調べると全組合せが同数回現れるという性質をもっています。

表 4.14 は L₈ 直交表です。1〜7 列まで、どの 2 列を取り出しても、その水準の組合せは (1, 1)(1, 2)(2, 1)(2, 2) の組が 2 回ずつ同数回現れています。この同数回現れるという性質は、3 因子以上の組合せをバランスよく網羅的に多く出す効果があります。要するに 2 つの因子の組合せが同じ回数ということはそれに対して別の因子の水準が均等にアサインされやすいということにつながるからです。1 列目と 2 列目の水準組合せに着目してください。(1, 1) の組合せ

表 4.14　L₈ 直交表

L₈ 直交表	1	2	3	4	5	6	7
1	1	1	1	1	1	1	1
2	1	1	1	2	2	2	2
3	1	2	2	1	1	2	2
4	1	2	2	2	2	1	1
5	2	1	2	1	2	1	2
6	2	1	2	2	1	2	1
7	2	2	1	1	2	2	1
8	2	2	1	2	1	1	2

は 1 行目と 2 行目に現れていますが、(3 列目を除き)4、5、6、7 列の 1 行目と 2 行目の水準は 1 と 2 の両方が入っています。(1, 2) など他の組合せについても同様です。つまり、3 因子間の組合せがバランスよく網羅的に多く出現しているということになります。実際に、L₈ 直交表では 3 因子間の組合せは 90 % 網羅されています。

　次に、テスト結果を統計的に数値解析する必要がある場合も同じ組合せが同数回出現する直交表の性質が役に立ちます。同数回現れるからこそ、確率的にどっちが多いということがいえるからです。また、テスト結果からバグの原因究明をするときにも(こちらは同数回である必要はありませんが)複数回同じ組合せが出ることを使っています。

　そして、ハードウェアの因子などの影響によって同じ組合せをテストしてもバグが出たり出なかったりすることがある場合、バグの出現確率を上げる効果があります。

　このように、直交表がもっている「全組合せが同数回現れるという性質」は、ソフトウェアテストに無駄な性質というわけではありません。しかし、場合によってはこれらのメリットを犠牲にしてでも、「同数回」という制約を外すことで、2 因子間の組合せを最小限のテスト項目数で保証したい場合もあります。

表 4.15　スライド法で作成した表

スライド法	1	2	3	4	5	6	7	8	9
1	1	1	1	1	1	1	1	1	1
2	1	2	2	1	2	2	1	2	2
3	2	1	2	2	1	2	2	1	2
4	2	2	1	2	2	1	2	2	1
5	1	1	1	1	1	1	1	1	1
6	1	2	2	2	2	1	2	1	2
7	2	1	2	1	2	2	2	2	1
8	2	2	1	2	1	2	1	2	2

　そのような場合、ペアワイズを使います。4.1.1 項で説明したとおり、因子数に対してテスト項目数は、直交表では一次関数的増加になりますがペアワイズでは対数的増加で抑えることができます。

　表 4.15 は、スライド法という方法で直交表を並べることで、任意の 2 因子間の全水準の出現を保証したものです。L_8 直交表よりも 2 列増えていますが、行数は同じです（実際には、1 行目と 5 行目は同じ行なので 5 行目を削除すれば 7 行になり L_8 直交表よりもテスト項目数が減ります）。

　この表は、L_4 直交表を横に列数分 3 個並べ（太線で区切られた表の上 3 個）、左下は同じ L_4 直交表、中下は 1 列ずつローテート（回転）させた表、右下はさらに 1 列ずつローテートさせたものになっています。つまり、直交表を横に並べることで、同じ列間に生じた組合せロスを下の表で補っています。同じ列間とは、$\{1, 4, 7\}$、$\{2, 5, 8\}$、$\{3, 6, 9\}$ の列セットのことです。**表 4.15** の 1〜4 のテストでは、同じ列どうしは $(1, 1)$ と $(2, 2)$ の組合せしか出現しないので、それを後半の 5〜8 のテストで補完しているわけです。

　表 4.15 から、任意の 2 因子を取り出したときの水準の組合せ数は多くの場合、同数回ですが、1 列目と 4 列目を見ると $(1, 1)$ が 3 回、$(1, 2)$ が 1 回、$(2, 1)$ が 1 回、$(2, 2)$ が 3 回といったように同数回でない組合せもあります。

表 4.16　L$_{64}$ をベースにしたスライド法による拡張

テスト回数	8 水準の因子の数
64	9
127	81
253	6,561
505	43,046,721

　同じことをもう一度繰り返せば、列数は今作成した 9 列分 9 個の直交表を横並びにできるので 9×9＝81 列、行数は 8×2＝16 行（実際には 1 行目が 4 回現れるので 13 行）となります。さらに繰り返せば、81×81＝6561 列、行数は 16×2＝32 行（実際には 1 行目が 8 回現れるので 25 行）となります。

　組合せのバランスが崩れることで 3 因子間の網羅率は減ります（L$_8$ 直交表での 3 因子間網羅率は 90％でしたが、表 4.15 の 3 因子間網羅率は 72.3％です）がとても多くの因子を少ないテスト回数で 2 因子間網羅率 100％にすることができるのは魅力的です。

　今、L$_4$ 直交表をベースに拡張する例を示しましたが、L$_{64}$ 直交表をベースにすれば、L$_{64}$ 直交表は、8 水準の因子が 9 つありますから表 4.16 のとおりになります。L$_{256}$ 直交表をベースとすれば、元々 16 水準の因子が 17 個ありますから 511 回のテストで、16 水準の因子が 289 個までサポートできるようになります。

　このように、直交表の「組合せが同数回現れる制約」を外すことで、多くの因子を少ないテスト回数ですべてのペア（任意の 2 因子を取り出したときの全水準の組合せ）を出す方法をペアワイズと呼びます。なお、ペアワイズのことを All-pairs と呼ぶ場合もあります。

　スライド法は、代数的アルゴリズムによるペアワイズの例になります。

4.2.2　PICT とは

　ペアワイズには、前項で述べたような代数的アルゴリズムのほか、さまざまなアルゴリズムが考案され論文が書かれ、ツール化されています。ここでは、フリーで入手可能な PICT というツールと、それを簡単に使えるようにした PictMaster というツールの使用方法を説明します。

　PICT とは、Jacek Czerwonka が開発した Windows で動作するツールで、Pairwise Independent Combinatorial Testing tool の頭文字を取って名づけられたものです。

　PICT は、次のウェブサイトから入手することが可能です。

　　https://pairwise.org/

　PICT を単体で使用する場合には、どこにインストールしてもよいのですが、次項で述べる PictMaster から呼び出せるように、C:¥Program Files にインストールします。PICT はそれ自体をコマンドプロンプトから呼び出して使うことができますが、次項で説明する PictMaster を使用することで Excel から簡単に使用することができます。

　なお、コマンドプロンプトから PICT を直接使用する場合に、因子・水準名に漢字を使用したい場合は、PICT 用のモデルファイルの文字コードを UTF-8（ユニコード）にします。モデルファイルとは、因子・水準・禁則の条件を入力しておくファイルです。

（1）　PICT のモデルファイル

　下記は、モデルファイルの例です。モデルファイルは Windows のメモ帳などのテキストエディタを用いて作成してください。このときに文字コードは UTF-8 としてください。因子としては、「下線」「太字」「上付き」「下付き」の4つがあり、それぞれ「なし」「あり」の2つの水準をもっています。また、「上付き：あり」の水準と、「下付き：あり」の水準が同時に選択できないことが PICT の文法で記載されています。

```
下線:　　なし，あり
太字:　　なし，あり
上付き:なし，あり
下付き:なし，あり
if([上付き] = "あり")
    then([下付き] <> "あり");
```

　後で述べる PictMaster を使用せずに、コマンドプロンプトから PICT を直接使用する方法を説明します。まず、Windows のスタートメニューから［ファイル名を指定して実行］を選択し、そこに cmd と入力して［OK］ボタンを押します。

　MS-DOS のコマンドを入力できるウィンドウ(コマンドプロンプト)が開きますので、PICT がインストールされているディレクトリに cd コマンドで移動し、pict.exe コマンドを実行します。

(2)　PICT の実行

　下記は、先に示した PICT のモデルファイルを model.txt という名前にして文字コード UTF-8 で保存したものを PICT ツールの引数に指定して実行したものです。

```
C:¥>cd "Program Files¥PICT"

C:¥Program Files¥PICT>pict model.txt
下線　　太字　　上付き　下付き
なし　　あり　　あり　　なし
あり　　なし　　なし　　なし
あり　　あり　　なし　　あり
```

```
あり    なし    あり    なし
なし    なし    なし    あり


C:¥Program Files¥PICT>
```

(3) PICT のオプション

PICT ツールの詳細な使用方法（サブモデルやエイリアスなど）については、PICT のインストール先にある PICTHelp.htm ファイルを参照してください。ここでは、使用頻度の高い PICT ツールのオプションについて説明します。

```
Usage:pict model [options]

Options:
/o:N    – 組合せの次数(強度)を指定する(デフォルト：2)
/d:C    – 水準の区切り文字を指定する(デフォルト：,)
/a:C    – エイリアスの区切り文字を指定する(デフォルト：|)
/n:C    – 無効水準を示すプレフィックス(接頭辞)（デフォルト：～）
/e:file – 元となるファイル
/r[:N]  – ランダマイズ生成，N – ランダマイズ用のシード
/c      – モデルファイルで大文字小文字を区別する
/s      – モデルの統計情報の表示
```

① /o オプション

/o オプションは、2 因子間の組合せだけでなく 3 因子間、4 因子間……といった多因子間の組合せを得たいときに使用します。先ほどの例で 3 因子間網羅率を 100％にしたい場合は、/o:3 を指定します。出力例は次のとおりです。

```
C:¥Program Files¥PICT>pict model.txt/o:3
下線    太字    上付き  下付き
なし    あり    なし    あり
なし    あり    あり    なし
あり    なし    なし    あり
なし    なし    なし    なし
あり    あり    なし    なし
あり    あり    なし    あり
なし    なし    あり    なし
なし    なし    なし    あり
あり    あり    あり    なし
あり    なし    あり    なし


C:¥Program Files¥PICT>
```

② /d、/a、/n オプション

　/d、/a、/n オプションは、モデルファイルの中の特殊文字を置き換えるときに使用します。因子・水準にどうしてもこれらのデフォルト文字を使用したいときに回避するために使うのですが、混乱のもとなのでどうしてもという以外は使わないほうがよいでしょう。

③ /e オプション

　/e オプションは、既存のファイルに対して出現していない組合せを追加する機能です。例えば、HAYST 法で網羅率 90％になったときにこのオプションを使用して残りの 10％が補完されるテストケースを追加するといったときに使います。

　下記は、すべての水準が「なし」(デフォルト)のテストを必ず実施したいので、seedrows.txt にその組合せ行を書いておいて、PICT ツールで追

加生成しているものです。

```
C:¥Program Files¥PICT>type seedrows.txt
下線    太字    上付き  下付き
なし    なし    なし    なし


C:¥Program Files¥PICT>pict a.txt/e:seedrows.txt
下線    太字    上付き  下付き
なし    なし    なし    なし
あり    あり    あり    なし
あり    なし    なし    あり
なし    あり    なし    あり
なし    なし    あり    なし


C:¥Program Files¥PICT>
```

④　/r オプション

　　/r オプションは、PICT が使用している乱数テーブルを変更する機能です。PICT ツールは内部で乱数を発生させて組合せを生成しています。そのため、/r オプションで乱数の発生元となる数値(これをシードと呼びます)を指定することで生成結果が異なります。/r オプションの使い道は2つあります。

　　一つは、PICT で最小な表に近づけるために乱数を変えながらいくつか表を生成して最小の結果を採用するという用途です。もう一つは、通常の組合せテストを一通り実施したあとに、そこで出たバグが修正されたソフトに対して同じテストを実施するのではなく、/r オプションを使って別のテストを実施するという用途です。

⑤ /c オプション

/c オプションは、モデルファイルの大文字・小文字を区別するための
ものです。

⑥ /s オプション

/s オプションはモデルの統計情報を表示します。先の例では次の出力
が得られます。

```
C:¥Program Files¥PICT>pict a.txt/s
Combinations:23
Generated tests:5
Generation time:0:00:00


C:¥Program Files¥PICT>
```

ここで、"Combinations" は、組合せの数を示します。本ケースでは、2 水
準の因子が 4 つあり、禁則で「上付き：あり×下付き：あり」の組合せが 1 つ
存在しませんので、次の計算式から 23 という値になっています。

$$_4C_2 \times 4 - 1 = ((4 \times 3) \div (2 \times 1)) \times 4 - 1 = 23$$

"Generated tests" は生成したテスト数、"Generation time" は、生成にか
かった時間です。

4.2.3 PictMaster とは

PictMaster とは、鶴巻敏郎氏が開発した Excel 2000 以降の Excel で動作す
るツールです。Excel を PICT の GUI フロントエンドとして使用することが
できます。因子・水準を Excel で作成しているなら PictMaster を使用するこ
とで簡単にペアワイズの表を得ることができるようになります。

また、GUI になることで、モデルファイルの修正や見通しがよくなるとい
う利点があります。

（1）　PictMaster のインストール

PictMaster は、次のウェブサイトから入手することが可能です。

　　https://ja.osdn.net/projects/pictmaster/

PictMaster は PICT のフロントエンドツールですので、**4.2.2 項**で説明した PICT のインストールが必須です。PICT の再配布ライセンス条項の関係で、PictMaster のパッケージには PICT は入っていませんので注意してください。

ダウンロードしたパッケージを解凍すると nkf.exe（文字コードを UTF-8 に変換するためのツール）がありますので、PICT がインストールされているフォルダー（C:¥Program Files¥PICT）へコピーしてください。また、PictMaster は Excel のマクロ機能を使用していますので Excel のセキュリティ設定でマクロが使用できるようにしておいてください。

パッケージには「PictMaster ユーザーズマニュアル.pdf」があり、上記注意事項も詳細に書かれています。

（2）　PictMaster の基本的な使い方

パッケージを解凍したフォルダーに入っている「PictMaster.xlsm」をコピーして開くだけで使用できます。64 bit 版を使用するときには「PictMaster64.xlsm」を使います。OneDrive 上ではなく、ローカル上に置いたほうがトラブルが少ないと思います。

図 4.6 は、OS やブラウザを組み合わせてテスト環境を作る例で、PictMaster に因子・水準を入力したところです（B9 セルから E13 セルまでが自分で入力したものです）。PictMaster では、因子を「パラメータ」、水準を「値」と呼んでいます。

パラメータと値には日本語も使用できます。また、「Windows 10」のように値名の間にスペースが入ってもかまいません。値と値の区切りには半角のカンマ「,」を使用します。パラメータと値を入力するときの留意点は、行を空けずに書くということです。**図 4.7** のように、空行（11 行目）があると空行以降

	A	B	C	D	E	F	G	H	I
1	**PictMaster**								
2	大項目No.				大項目名				
3	小項目No.				小項目名				
4									
8	パラメータ				値の並び				
9	OS				Win 11, Vista, Win 7, Win 8.1				
10	OSタイプ				64bit, 32bit				
11	ブラウザ				Edge, Chrome, Firefox				
12	メモリー				2GB, 4GB, 8GB				
13	CPU				i5, i7				
14									

図 4.6　パラメータと値の入力

	A	B	C	D	E	F	G	H	I
1	**PictMaster**								
2	大項目No.				大項目名				
3	小項目No.				小項目名				
4									
8	パラメータ				値の並び				
9	OS				Win 11, Vista, Win 7, Win 8.1				
10	OSタイプ				64bit, 32bit				
11									
12	メモリー				2GB, 4GB, 8GB				
13	CPU				i5, i7				
14									

図 4.7　空行の例

R	S	T	U	V	W
			v7.0.4J 64　2021/3/1		
実行		分析		環境設定	

図 4.8　生成ボタン

のパラメータは無視されます。また、行の削除・挿入は行ってはなりません。パラメータ数が増えて行が足りなくなった場合は、Excelの23行目以降を［再表示］してください。デフォルトでは、そこにテーブルが隠れています。

　パラメータと値の入力が終われば、あとは右上にある［生成］ボタンを押すだけです。

　図4.8の［生成］ボタンを押すと、新しいExcelファイルがつくられて、そ

	A	B	C	D	E
1	OS	OSタイプ	ブラウザ	メモリー	CPU
2	Vista	64bit	Firefox	2GB	i5
3	Vista	32bit	Edge	4GB	i7
4	Win 11	64bit	Firefox	8GB	i7
5	Win 11	64bit	Chrome	8GB	i5
6	Vista	64bit	Chrome	8GB	i7
7	Win 11	32bit	Edge	4GB	i5
8	Win 7	32bit	Chrome	4GB	i5
9	Win 8.1	64bit	Firefox	4GB	i5
10	Win 8.1	32bit	Chrome	2GB	i7
11	Win 7	64bit	Edge	2GB	i7
12	Win 7	64bit	Edge	8GB	i5
13	Win 8.1	64bit	Edge	8GB	i7
14	Win 7	64bit	Firefox	8GB	i5
15	Win 11	32bit	Firefox	2GB	i5
16					

図 4.9　PictMaster による生成結果

こに**図 4.9** のような結果が表示されます。

PictMaster では、［生成］ボタンを押すと裏で、PICT や nkf を動かしてペアワイズ表を得て、それを新しい Excel で表示するということをしています。

（3）　PictMaster による禁則の入力

図 4.6 のパラメータと値において、「OS タイプ」が「32bit」のときには、「メモリ」を「8GB」にしても動作しないという禁則があったとします。禁則マトリクスで書くと**表 4.17** のようになります。

PictMaster では禁則のことを「制約」と呼んでいます。PictMaster で制約を入力するためにはまず［制約表］を表示させます。PictMaster の右上にある［環境設定］ボタンを押すと、**図 4.10** のような設定ウィンドウが開きますので、［制約表を使用］をチェックしてから［OK］ボタンを押してください。

図 4.10 のように［制約表を使用］にチェックが入った状態で［OK］ボタンを押すと、PictMaster の下のほうに［制約表］が現れます。

図 4.11 は、「OS タイプが 32bit」のときに「メモリを 8GB」にすることができないという制約を入力したところです。条件側の制約のセルには背景色をつ

表 4.17　禁則マトリクス

		メモリ		
		2GB	4GB	8GB
OS タイプ	32bit			■
	64bit			

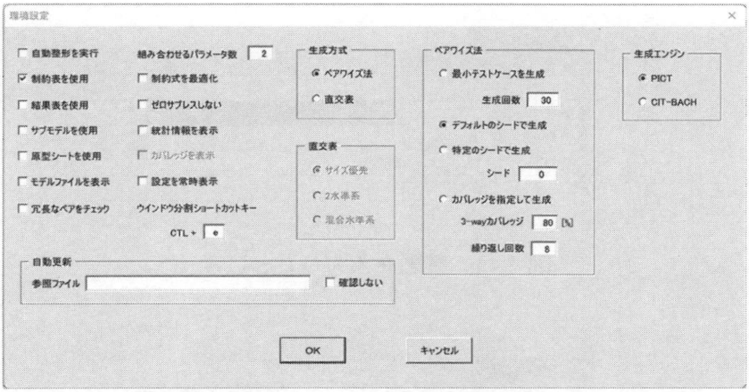

図 4.10　環境設定ウィンドウ（[制約表を使用] をチェック）

けて制約条件となる値を記述します。背景色は白色以外であれば何色でもかま
いません（文字色は何色でもかまいません）。

　次に、制約対象となるパラメータに制約条件となる水準とその論理関係を記
述します。ここでは、「8GB」が使えないという制約なので値名の先頭に「#」
をつけて「32bit×8GB」の組合せが存在しないことを示しています。

　図 4.12 のように、「#8GB」と書く代わりに「2GB, 4GB」と記載しても同じ
結果になります。制約表の書き方については PictMaster のマニュアルの第 4
章に詳しく書かれていますので、そちらを通読するとよいでしょう。

　また、PictMaster は生成時に a.txt という PICT ツールが読み込むためのフ
ァイル（モデルファイル）を生成します。制約条件を PictMaster へ正しく入力
できたことを確認するときなどに便利です。

PictMaster

| 大項目No. | | 大項目名 | |
| 小項目No. | | 小項目名 | |

パラメータ	値の並び
OS	Win 11, Vista, Win 7, Win 8.1
OSタイプ	64bit, 32bit
ブラウザ	Edge, Chrome, Firefox
メモリー	2GB, 4GB, 8GB
CPU	i5, i7

制約表

パラメータ	制約1
OS	
OSタイプ	32bit
ブラウザ	
メモリー	#8GB
CPU	

図 4.11　禁則を入力したところ

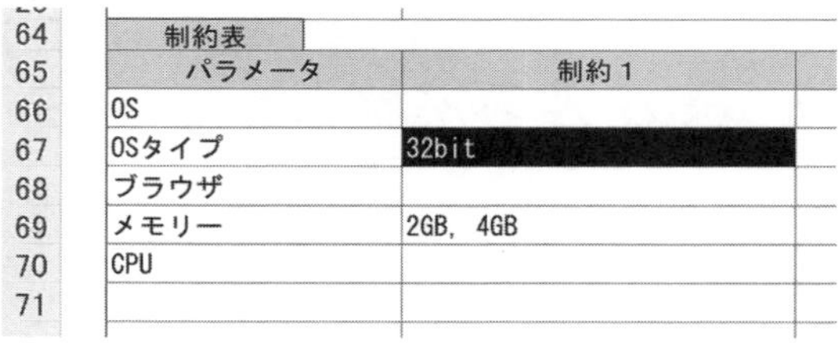

制約表

パラメータ	制約1
OS	
OSタイプ	32bit
ブラウザ	
メモリー	2GB, 4GB
CPU	

図 4.12　別の制約の指定方法

　ところで、複雑な制約条件を設定したときなどに PICT の処理が終了しないため、PictMaster がテストケースを生成するまでに長時間かかる場合があります。このような処理を中断したい場合は、Windows のタスクマネージャを起動してプロセスタブを選択し、pict.exe プロセスを探し、［プロセスの終了］を行ってください。そして、制約条件を見直し、場合によっては制約が発生しないように制約部分をキーとして、複数のファイルに分けて PictMaster を利用するとよいでしょう。

（4） PictMaster による組合せテストの実際

それでは、例題を解いてみましょう。

例題 4.2

ある温泉旅館のインターネットによる予約システムの部屋条件の検索で使用できるパラメータは以下のとおり。

PictMaster を使用して組合せ表を作成せよ。

- 部屋タイプ：和室、洋室
- 朝食：なし、あり
- 夕食：なし、あり
- ユニットバス：なし、あり
- 露天風呂：なし、あり

ただし、露天風呂がある部屋にはユニットバスを敷設していない。

さて、この問題を読んでいきなり、PictMaster にパラメータと値を入力してしまった人はいませんか？　本来は FV 表やラルフチャートを作成してそれを FL 表にまとめてから PictMaster を使うようにしましょう。というのは、この問題には、この予約システムについて「インターネットによる」としか書いてありませんが、そこから、インターネット利用者の環境を含めたテストをする必要があるからです。

ここでは、FV 表などのテスト分析は省略して、環境については**図 4.6** のパラメータと値が抽出できたとします。そうするとパラメータ表のほうは、**図 4.13** のようになります。

次に制約条件を設定します。先ほどの制約に加えて露天風呂の制約が増えますから、制約条件は、**図 4.14** のようになります。

最後に、[生成] ボタンを押せばできあがりです。**図 4.15** は生成結果です。

図 4.15 を見ると、「OS タイプ：32bit×メモリ：8GB」や「ユニットバス：

	A	B	C	D	E	F	G	H	I
1	**PictMaster**								
2	大項目No.				大項目名				
3	小項目No.				小項目名				
4									
8	パラメータ				値の並び				
9	OS				Win 11, Vista, Win 7, Win 8.1				
10	OSタイプ				64bit, 32bit				
11	ブラウザ				Edge, Chrome, Firefox				
12	メモリー				2GB, 4GB, 8GB				
13	CPU				i5, i7				
14	部屋タイプ				和室, 洋室				
15	朝食				なし, あり				
16	夕食				なし, あり				
17	ユニットバス				なし, あり				
18	露天風呂				なし, あり				
19									
20									

図 4.13　温泉旅館の部屋条件検索

	制約表	制約 1	制約 2
64			
65	パラメータ	制約 1	制約 2
66	OS		
67	OSタイプ	32bit	
68	ブラウザ		
69	メモリー	#8GB	
70	CPU		
71	部屋タイプ		
72	朝食		
73	夕食		
74	ユニットバス		#あり
75	露天風呂		あり
76			

図 4.14　温泉旅館の部屋条件検索制約表

	A	B	C	D	E	F	G	H	I	J
1	OS	OSタイプ	ブラウザ	メモリー	CPU	部屋タイプ	朝食	夕食	ユニットバ	露天風呂
2	Vista	64bit	Firefox	2GB	i5	和室	なし	あり	あり	なし
3	Vista	32bit	Edge	4GB	i7	洋室	あり	なし	なし	あり
4	Win 11	64bit	Firefox	8GB	i7	洋室	なし	あり	なし	あり
5	Win 11	64bit	Chrome	8GB	i5	和室	あり	なし	あり	なし
6	Vista	64bit	Chrome	8GB	i7	和室	あり	あり	なし	なし
7	Win 11	32bit	Edge	4GB	i5	洋室	なし	あり	あり	なし
8	Win 7	32bit	Chrome	4GB	i5	和室	なし	なし	なし	あり
9	Win 8.1	64bit	Firefox	4GB	i5	洋室	あり	なし	なし	あり
10	Win 8.1	32bit	Chrome	2GB	i7	洋室	あり	なし	なし	あり
11	Win 7	64bit	Edge	2GB	i7	洋室	あり	あり	あり	なし
12	Win 7	64bit	Edge	8GB	i5	和室	あり	なし	あり	あり
13	Win 8.1	64bit	Edge	8GB	i7	和室	なし	あり	あり	なし
14	Win 7	64bit	Firefox	8GB	i5	和室	なし	あり	なし	なし
15	Win 11	32bit	Firefox	2GB	i5	洋室	なし	あり	あり	なし
16										

図 4.15　生成結果

あり×露天風呂：あり」の組合せが制約条件によって出現していないことがわかります。テスト項目数は、12項目で網羅率は2因子間網羅率100％、3因子間網羅率72.9％となっています。

　図4.16は、図4.15の結果からどのような組合せが出現されているかを示した「総当たり表」です。制約として入力不可としたところ（灰色のセル）以外の組合せがすべて出現していることに着目してください。また、セルの中にある分母は出現回数を示しますが、1回のものも多く含まれていることに留意してください。

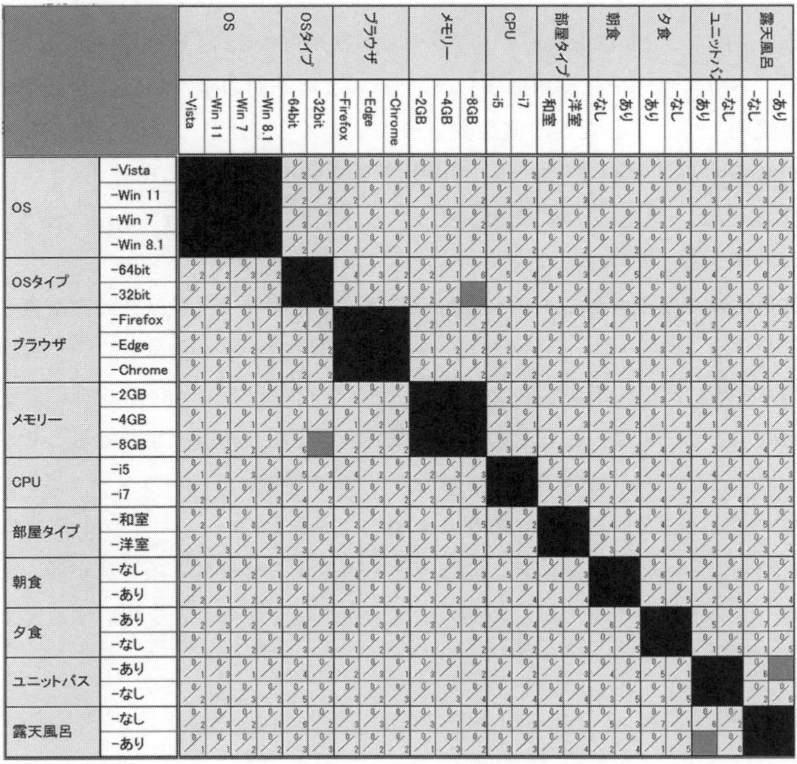

図4.16　総当たり表（PictMaster の割り付け結果から）

4.3▶本章のまとめ

　本章では、複数の要因に論理関係がない場合、すなわち要因が直交している場合のテスト技法について説明をしました。HAYST 法は直交表を使用したテスト技法で、ペアワイズは直交表のもつ「同数回ペアが出現する」制約を緩和することで組合せテスト回数を少なくする方法でした。

　HAYST 法では、組み合わせるべき因子を抽出する方法を中心に説明しました。因子の抽出漏れが組合せテストの品質を大きく左右しますので十分時間をかけて理解するようにしましょう。

　また、ペアワイズのほうではスライド法の解説と、現場ですぐに適用できるように PICT と PictMaster というツールの使用方法について説明しました。

　ところで、本章では実用面から、「任意の 2 因子間の全水準組合せ」で統一して説明してきましたが、直交表もペアワイズも「任意の k 因子間」の組合せを考慮することができます。このとき k を強度（または strength）といって直交表では「強度 k の直交表」といい、ペアワイズでは「strength k の、k-wise テスト」と呼びます。

　高信頼性が要求されるテストにおいては、直交表では「強度 3 の直交表」を使用します。またペアワイズではツールによっては strength を設定する機能があります。PICT では「/o : 3」オプションを設定して strength を 3 に設定して生成することによって任意の 3 因子間の全水準組合せを出現させることができます。PictMaster でも環境設定ウィンドウの［組合せるパラメータ数］に 3 を設定することで同様の結果になります。

　ただし、すべての因子に対して強度 3 を適用するとテスト項目数が多くなるため、テストの効率をとるため部分的に強度を高くすることを検討するとよいでしょう。

演 習 問 題

4.1

テレビのラルフチャートを作成しなさい。ただし、以下のようなシンプルな
機能しかない(例えば、地デジと BS の切り替えもない)とする。

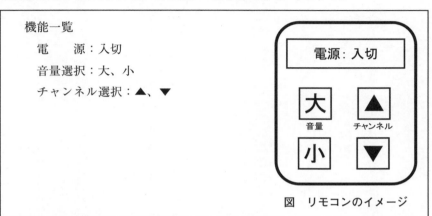

機能一覧
電　　源：入切
音量選択：大、小
チャンネル選択：▲、▼

電源：入切

大　▲
音量　チャンネル

小　▼

図　リモコンのイメージ

4.2

下表は、ネットからコンビニのプリンターでスマホの写真をプリントすると
きの設定項目を FL 表にしたものである。

この FL 表に、さらに、顧客視点から機能以外の因子を 2 つ追加し、その水
準も追加しなさい。

表　プリンターの FL 表

因子名	水準 1	水準 2	水準 3	水準 4
用紙サイズ	フォト用紙	普通紙 A4	普通紙 B4	はがき
カラーモード	カラー	白黒	印刷時に指定	
暗証番号	指定しない	指定する		

第 **5** 章

時間を網羅する

その子が十三歳になると、角はその本性を現す。一夜のうち
に急速に伸びて、頭の両側に、まるで小さな水牛のそれのよう
に、髪を分けて姿を表すのだ。それこそが「生贄の刻」である。

　　　　　　　　　　　　　　　　　　　宮部みゆき『ICO』

　ソフトウェアの用途は当初、ミサイルの弾道計算に使われるなど、数値計算が中心でした。ところが、その後、1台のコンピュータを(当時高かったものですから)複数人が使えるように、CPUを少しずつプロセスに時分割し割り当てて利用するというタイムシェアリングの技術が発達しました。さらに1970年頃にGUIやマウスが登場すると、アプリケーションプログラム自体がイベントをトリガーにして呼び出され、その処理が終了すると、イベント待ちのループで止まるような作りに変わってきました。

　この頃から、複数のプロセスが一つのリソースを共有することから生じる競合問題が発生するようになりました。また、競合問題を回避するために用意されたリソースの排他制御の仕組みが逆にデッドロックを起こすという新たな問題に悩まされるようになりました。

　1980年代になると、スレッドという、メモリなどのプロセス資源を共有しながら別のプログラムに分岐するという技術が実用化されました。パフォーマンスを落とさずに新しいスレッドを立ち上げて同じリソースを共有できるようになった一方で、並列処理での競合状態、相互排他、同期、そして、スレッド間の通信のオーバーヘッドによるスローダウンの問題が顕著になってきました。

　本章では、そのような普段まったく問題なく動作しているソフトウェアが何気ないタイミングで動かなくなる問題について、状態遷移の観点と並列処理の観点からテストによる対応を考えてみます。

5.1 ▶ 状態遷移テスト

　状態遷移テストにも論理のテストや組合せのテストと同様に浅く全体を確認するテストから深く詳細にテストするものがあります。状態遷移図から順番に説明していきます。

5.1.1　状態遷移図と状態遷移表

　まずは、馴れるためにストップウォッチの状態遷移図を描いてみましょう。

ストップウォッチの仕様は次のとおりとします。

例題 5.1

① 初期状態でスタートボタンを押すとストップウォッチが動き出す。

② 動いている最中にスタートボタンを押すと停止する。

③ 停止状態でスタートボタンを押すとそこから再スタートする。

④ 停止状態でラップボタンを押すとリセットされ初期状態に戻る。

⑤ 動いている最中にラップボタンを押すと表示は停止するが内部は動いているラップ表示状態になる。

⑥ ラップ表示状態でラップボタンを押すと計測開始からのトータル時間から再開する。

　状態には、初期状態、動作中、終了状態（実際には初期状態と同じ）のほかに、動作中で針が進んでいるタイプと止まっているタイプ、完全に停止中のものがありそうです。トリガーとなるイベントにはスタートボタンとラップボタンがあります。状態を丸で遷移（状態を遷移させるものをイベントと呼びます）を矢印で表すと、状態遷移図は**図 5.1** のようになります。

　それでは、ストップウォッチのテストを考えてみます。まず思いつくのは一筆書きのようにすべての線をなぞっていくテストでしょう。つまり次のようなテストになります。

　　① ［初期状態］でスタートボタンを押す。

　　　→［動作中・針は進む］状態になる。

　　② ［動作中・針は進む］状態でスタートボタンを押す。

　　　→［停止中・内部も停止］状態になる。

　　③ ［停止中・内部も停止］状態でスタートボタンを押す。

　　　→［動作中・針は進む］状態に戻る。

　　④ ［動作中・針は進む］状態でラップボタンを押す。

　　　→［動作中・針は停止］状態になる。

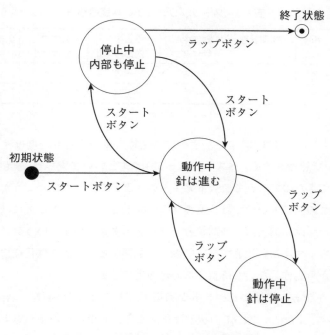

図5.1　ストップウォッチの状態遷移図

⑤　［動作中・針は停止］状態でラップボタンを押す。

→　［動作中・針は進む］状態に戻る。

⑥　［動作中・針は進む］状態でスタートボタンを押す。

→　［停止中・内部も停止］状態になる。

⑦　［停止中・内部も停止］状態でラップボタンを押す。

→　［終了状態］になる。

これで、**図5.1** の状態遷移図を一通りたどったことになります。

（1）　状態遷移のパスカバレッジ

さて、このテストで何を網羅できたか考えてみます。このテストでは、すべての状態を少なくとも一度は確認しました（これを状態遷移の C0 パスカバレ

表 5.1　ストップウォッチの状態遷移表

イベント ＼ 状態	①初期状態	②動作中 針は進む	③停止中 内部も停止	④動作中 針は停止	⑤終了状態
スタートボタン	→ ②	→ ③	→ ②	N/A	N/A
ラップボタン	N/A	→ ④	→ ⑤	→ ②	N/A

ッジ 100％といいます)。また、すべての遷移も少なくとも一度は確認しました(これを状態遷移の C1 パスカバレッジ 100％といいます)。状態も遷移もすべて確認できたのでこれでテスト完了ということで良いのでしょうか？

　実は、このテストだけでは状態遷移のテストを十分行ったことにはなりません。なぜならば、例えば、初期状態でラップボタンを押すというテストをしていないからです。初期状態でラップボタンを押すという操作は仕様に書いてありませんから動作しないと解釈するのが適当でしょう。

　このようなある状態でイベントが適用不可のことを N/A(Not Applicable)と呼びます。しかし、図 5.1 の状態遷移図から、適用不可のイベントを見つけることは困難です。そこで、状態遷移図を状態とイベントの関係性を示す状態遷移表に書き換えます。

　表 5.1 は、図 5.1 の状態遷移図を状態とイベントの関係で表したものです。このように表にすることで、適用不可(N/A)のイベントが明らかになります。ソフトウェアの場合、イベントをガードすることを実装し忘れたために仕様上、そのイベントが届いても遷移してはならないケースであるにもかかわらず状態が遷移してしまうことがあります。**状態遷移表を書き、適用不可(N/A)を含め、セルの一つひとつの動作をテストする**ことで基本的な状態遷移のテストを実施することができます。

　表 5.1 の「⑤終了状態」列はどちらも「N/A」が記入されています。本物のストップウォッチの場合、⑤と①は同じ状態のことが多いため違和感があります。このようなときには、仕様の確認が必要です。

5.1.2　関係行列と N スイッチカバレッジ

　状態遷移表のセルの一つひとつを確認するテストは、状態遷移の基本的なテストです。ですから、状態遷移のテストでは、すべてのケースを実施すべきです。ところがこれで十分かというと落とし穴があります。それは、「**バグは顕在化しなければ見つからない**」という原則があるからです。

　状態遷移表のセルを確認することで、正しい状態に遷移することや遷移してはならない適用不可(N/A)の場合にイベントが無視されることの確認はできます。しかし、仮にそれらのイベントによって内部変数が破壊されたとしても、内部変数の値が壊れたことは特別なモニタリングでもしていない限り見つけることはできません。内部変数が壊れたことを知るためには、内部変数が壊れている状態に対してイベントを与えて挙動を確認する必要があります。

　ストップウォッチの例でいえば、状態遷移表を使用することで［動作中・針は進む］状態でラップボタンを押して、［動作中・針は停止］状態になることは確認できます。しかし、このときに、確かに内部時計が進んでいることを確認するためには、もう一度ラップボタンを押してみる必要があります。このようなテストを確実に漏れなく実施するテスト技法を N スイッチカバレッジと呼びます。

　N スイッチカバレッジを実施するためには、まず、状態遷移表を関係行列の形に書き直します。関係行列とは前状態(行)×後状態(列)で、セル中に前状態から後状態へ遷移するためのイベントを書く形式です(**表 5.2**)。

　関係行列ができたら、次にそれを行列式と見なして 2 乗します。すると、2 回のイベントで到達できるすべてのパスを得ることができます(**表 5.3**)。はじめの状態から、遷移後の状態までスイッチが 1 つある(状態を 1 つ経由する)ので、このテストを 1 スイッチカバレッジと呼びます。

　表 5.3 は、**表 5.2** の関係行列を 2 乗したものです[1]。ここでは、スタートボタンを S、ラップボタンを L で表しています。例えば 1 行目の①×③セルにある SS は、「①の初期状態から、スタートボタンを押し、もう一度スタートボ

表5.2　ストップウォッチの関係行列

後状態 前状態	①初期状態	②動作中 針は進む	③停止中 内部も停止	④動作中 針は停止	⑤終了状態
①初期状態		スタート ボタン(S)			
②動作中 針は進む			スタート ボタン(S)	ラップ ボタン(L)	
③停止中 内部も停止		スタート ボタン(S)			ラップ ボタン(L)
④動作中 針は停止		ラップ ボタン(L)			
⑤終了状態					

表5.3　1 スイッチカバレッジ

後状態 前状態	①初期状態	②動作中 針は進む	③停止中 内部も停止	④動作中 針は停止	⑤終了状態
①初期状態			SS	SL	
②動作中 針は進む		SS + LL			SL
③停止中 内部も停止		LS	SS	SL	
④動作中 針は停止				LS	LL		
⑤終了状態			SS	SL	

タンを押すと③の停止中状態になる」と読みます。②×②の SS + LL は、「②
の動作中状態から、スタートボタンを押し、もう一度スタートボタンを押すと

---

1)　行列計算が苦手な方は、フリーで Excel のツールが公開されていますのでそちらを
　利用ください。例えば、判谷貞彦氏の stateMatrix というツールがあります。
　http://ruby.g.hatena.ne.jp/garyo/20080625/1214345304

②の動作中状態になる」また、「②の動作中状態から、ラップボタンを押し、もう一度ラップボタンを押しても②の動作中状態になる」と読みます。

このLLのテストを実施することで、例として挙げた「ラップ中に内部時計が進んでいることを確認するためには、もう一度ラップボタンを押してみる」というテストが行えることを確認してください。

さて、2乗ができれば3乗もということで、3乗すると表5.4のようになります。

表5.4は、前状態から後状態までスイッチが2つある（状態を2つ経由する）ので、2スイッチカバレッジと呼びます。表の見方は1スイッチカバレッジのときと同様です。ここで、注意しなければならないのは、2スイッチカバレッジを行うだけでは、状態遷移表（0スイッチカバレッジと呼ぶ場合もあります）や1スイッチカバレッジのテストをしたことにはならない場合があるという点です。状態遷移がループしていない場合に、1スイッチはできても2スイッチできないケースがあるからです。また、Nが増えるごとに、テスト項目数の増加量が大きいという性質があります。

したがって、状態遷移のテストは、まず、状態遷移表によるテストを実施し

表5.4　2スイッチカバレッジ

前状態＼後状態	①初期状態	②動作中 針は進む	③停止中 内部も停止	④動作中 針は停止	⑤終了状態
①初期状態		SSS＋SLL			SSL
②動作中 針は進む		SLS	SSS＋LLS	SSL＋LLL	
③停止中 内部も停止		SSS＋SLL	LSS	LSL	SSL
④動作中 針は停止		LSS＋LLL			LSL
⑤終了状態		SSS＋SLL			SSL

て、次に 1 スイッチカバレッジのテストを実施し、余裕があれば 2 スイッチカ
バレッジのテストを実施するというように順番に深くテストしていくようにす
るとよいでしょう。そうすれば基本的で重要なバグを取り除きながら徐々に複
雑なバグを見つけていけるので、テストを進めるうえでもそのほうが効率的で
す。

5.1.3　GIHOZ を用いた状態遷移テスト

　5.1.1 項および 5.1.2 項では、状態遷移テストの仕組みについて説明しました。
仕組みを理解することは応用ができることにつながりますのでとても大切なこ
とです。しかしながら、手計算で行列の演算を行うと書き間違いが生じやすく、
時間もかかります。そこで、2020 年 11 月にオープン β 版がリリースされて以
降、精力的にバージョンアップを重ねている GIHOZ[2)] を使用した方法について
説明します。GIHOZ については、次のウェブサイトを参照してください。

　　https://www.veriserve.co.jp/gihoz/

（1）　GIHOZ の使い方

　GIHOZ はクラウドツール（動作環境は、PC 版の Google Chrome 最新版が推
奨されています）で、かつバージョンアップが頻繁に行われていますので、以
下の手順が当てはまらないかもしれません。2022 年 8 月時点の説明となるこ
とをご了承ください。

　はじめに、利用にあたっての留意点を述べます。ログイン後の GIHOZ の右
上にある「？」（ヘルプボタン）を押すと、最新のマニュアルが表示されます。
いつでも表示できるのですが、慣れるまでは PDF 化しておくと便利です。**特
に状態遷移ツールはマニュアルを読まれることをお勧めします。**

　アカウントを作成し、ログインしたら、任意のリポジトリを開いてから、右
上にある ［＋新規作成］ ボタンを押下します。テスト技法の選択画面が表示さ

---

2)　参照元：株式会社ベリサーブ　テスト技法ツール GIHOZ（ギホーズ）

れますので、以下の「状態遷移テスト」のエリアの左下にある［作成］ボタンを押下します（**図 5.2**）。

図 5.3 のようなサンプルの状態遷移図が表示されます。次に状態遷移図を自分のテストに合わせて書き換えていきます。なお、リンクを追加するときには、状態の角の少し内側からドラッグを開始するとうまくいきます。

例えば、不具合票の状態遷移図を描いてみます（**図 5.4**）。

状態遷移図の入力が終わった後は、その下にある［状態遷移表とテストケースを生成］ボタンを押すだけです（**図 5.5**）。N スイッチテストのテストケース

図 5.2　技法の選択

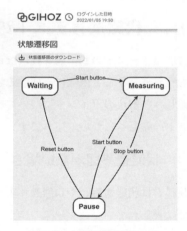

図 5.3　状態遷移図ツール

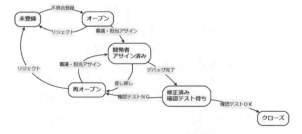

図 5.4　不具合票の状態遷移図

図 5.5　テストケース生成

が必要な場合は、ボタンの右にある「生成するテストケース」から「1 スイッチ」などを選択しておきます。

　GIHOZ が作成した図表は画像や CSV 形式でダウンロードできます。なお、作成した図表を GIHOZ に保存しておきたい場合は、右上にある［保存］ボタンを押下します。

5.1.4　状態遷移テストの実際

　状態遷移テストの基本的な技法は以上のとおりですが、実際に状態遷移テストを行おうとすると困難に直面する場合があります。本節では状態遷移テストの難しさと解決のポイントについて説明したいと思います。まずは、状態遷移テストの難しさについて述べます。

（1）　状態遷移図がない場合

　仕様書に状態遷移図や状態遷移表が書かれているとは限りません。筆者の経験では書かれていないケースのほうが多かったように思います。そのような場合は、開発者に状態遷移図を描いてもらうか自分で描くしかありません。

　また、仮に状態遷移図があったとしても、条件によって同じイベントが違う遷移をするといった描き方をしていることもあり、そういうときには条件ごとに状態を分けるなどの対応が必要となります。

（2）　状態の数が多すぎる場合

　そもそも、ソフトウェアの状態とは「内部変数の値の組合せ」のことです。例えば、ジュースの自動販売機なら投入金額 {10 円, 20 円, 30 円, …} と、ジュースの残り本数 {りんごが 1 本, りんごが 2 本, …} と、お釣り用の硬貨

の数 ｛10 円，20 円，30 円，…｝ と、ジュースの温度 ｛1 つ目適温，2 つ目冷却中，…｝ というように、さまざまな内部変数があり、さらにそれらの組合せが状態となります。

これをまともに描いていたら状態（丸）だらけの状態遷移図になってしまいます。そこで、第 3 章で説明した原因結果グラフなどを使用して組合せの数を論理的に減らすことで状態の数を減らします。それでもなかなかテスト可能な数の状態まで減るものではありません。

(3)　どこまでの状態を取り上げたらよいのか不明の場合

一口に状態といってもハードウェアの状態もあれば、画面遷移といったわりと扱いやすい状態もあります。筆者は鈴木三紀夫氏から「クレジットカードなどの状態を考慮すべき」との示唆を受けてから、状態を 3 つのタイプに分けて考えるようになりました。

一つ目のタイプは「ハードウェアの状態」です。ハードウェアの状態とは、「パソコンが節電モードに入って HDD が止まっている」とか、「車が走行中」といったものです。

二つ目のタイプは、「ソフトウェアの状態」です。「画面遷移」や「イベント処理中」がそれに当たります。

三つ目のタイプは、「外の世界の状態」です。外の世界とはハード、ソフトの外の世界のことで、「電子マネーの残金」や「システムを使用する人の動き」などです。

この 3 つの状態は、それぞれ表 5.5 のような特徴があります。

これらの性質をよく理解したうえで効果的なテストを設計しなければなりません。

(4)　イベント（トリガー）のタイミング

状態を変化させる「イベントの発行タイミング」によってバグが発生したりしなかったりする場合があります。例えば、状態が変化した直後にイベントを

表 5.5　状態の種類と対応するテスト

状態の種類	例	特徴と対応するテスト
ハードウェアの状態	節電モード 車が走行中	• 状態を数え上げる(数え尽くす)ことが比較的容易 • イベントがどの状態にも入ってくる。 • 複雑な状態遷移の問題よりも、状態遷移表から状態×イベントのテストで見つかる問題が多い(複雑なシステムは除く)。
ソフトウェアの状態	画面遷移 イベント処理	• 仕様書に描かれた状態遷移図と実際の内部変数の組合せとは大きく異なる。 • 状態遷移図のテストだけでは不十分 • 1 スイッチテストが有効 • ハードウェアの状態の組合せと、ソフトウェアの状態の組合せもテストするとよい。
外の世界の状態	電子マネー 人の動き	• ループや複雑な遷移を考えずに、シーンの連鎖で済む場合が多い。 • シナリオテストが有効 • 例外処理を中心にテストする。 • 過去のエラーケースの蓄積と分析も有効

入れると期待どおりの動作をしないことがあります。また、状態が次の状態に変わろうとしている間にイベントを投入するとおかしな動作を起こすことがあります。

　一般にタイミングの問題といわれるこれらのバグは、準備が整っていないのにイベントを受け入れてしまうこと、また、状態遷移中の処理においてイベントのガードに開発者が無関心なことから発生する場合が多いものです。したがって、単に状態とイベントの連鎖をテストしてもバグを顕在化できないことがあります。

(5)　上記 4 つの問題の解決策

　まず、「状態遷移図がない」場合ですが、自分で描くにしても「状態の数が多すぎる」ため、うまくいきません。そこで、このような場合は、第 4 章で述

べたラルフチャートから内部変数をリストアップし、それを因子として
HAYST 法やペアワイズでテストするという方法をとることをお勧めします。
このときに、状態の遷移(操作順序)については、典型的な遷移パターン(任意
の k 個の因子を取り出したときにその順序がすべて現れる "Sequence
covering array" など)を因子としてまとめて同時に割り付けてしまいます。
また、タイミングも因子として割り付けます。

こうすることで、確実に入力と内部変数の組合せ(=状態)をテストすること
ができます。なお、内部変数については論理関係をもつものが多いので直交表
やペアワイズではなく原因結果グラフや CFD 法を使用して内部変数の組合せ
パターンを 8 パターン程度作成しそれを 8 水準の因子として割り付けてテスト
する方法でもよいでしょう。内部変数の組合せといっても外部から与えられた
入力の履歴に過ぎませんから組合せテストでうまく行くケースが多いのです。

次に、「どこまでの状態を取り上げたらよいのか不明」な場合ですが、こち
らについては、開発の初期段階から小さな範囲での状態遷移テストを行い、そ
れを複雑にしていくことをお勧めします。またハードウェアのイベント「割り
込み」は、数は少ないもののどこにでも入ってくる可能性があると考えたほう
がよいでしょう。以前、デジタルカメラにおいて、「写真の消去メニューを表
示したまま電源を切ると、そのときに選択していたファイルが削除される」と
いう障害事例が報告されていました。**データ消失の可能性のある操作(状態)と、
電源オフというイベントの組合せは必須のテスト**です。最終的にはハードウェ
アの状態のそれぞれに対して N スイッチカバレッジをテストし、網羅的に状
態遷移を確認するとともに、**第 6 章で述べるシナリオテストを実施することで**
補完します。

最後は、「イベント(トリガー)のタイミング」のテストについてです。こち
らについては、内部ロジックがわからないとうまくテスト条件をつくることが
できません。また、テストでバグを出し尽くすことが困難な領域になります。
したがって、開発者に詳細なシーケンス図やタイミングチャートを描いてもら
うことが重要です。どうしても、そのようなものを用意できず、テストで頑張

るしかない場合は、少しずつタイミングを変えながらイベントを与えることができるツールをつくり絨毯爆撃的にすき間のないテストを実施しましょう。

5.2 ▶ 並列処理テスト

CPU クロックの飛躍的向上が期待できなくなってきたという背景から、複数の CPU を搭載したり、一つの CPU の中に複数の CPU コアを搭載したマルチ CPU が中心になりつつあります。ところが、このように CPU が複数ある状態であっても一つのアプリケーションがその恩恵を受けるためには、アプリケーション内部で並列に処理できる部分はスレッド化するように並列化に対応したプログラミングを行う必要があります。今後、そのようなアプリケーションが増加することが予想されますのでソフトウェアテストもそれに対応した準備が必要です。

ところで、並列処理に特有の問題とは何でしょうか。並列処理においては、並列に動いているスレッドの間の通信の問題が発生することがあります。しかし、それは通常のプロセス間通信でも似たような問題が発生するので並列処理特有の問題とはいえないでしょう。それよりも、同期して動く必要がより高くなったことが特徴として考えられます。

一つのアプリケーションプログラムが重い処理をするところでスレッドに分かれて複数の CPU 上にうまく分散し並列動作します。その後、重い処理が終わったところで各スレッドが終了し、アプリケーションは一つのプロセスに戻ります。このときに、複数に分かれたスレッド間の待合せの問題や、データの取合いの問題が発生するところがこれまでと違うバグになります。

また、リアルタイム OS などでは、スレッドの優先順位を用いてデータ書き込みタイミングを合わせているものがあります。従来のシングルコアであれば、優先順位が低いスレッドは、優先順位が高いスレッドと並列して動作することはなく、そのためにデータ競合のバグがあっても問題なく動作する場合がありました。ところが、マルチコア CPU になったとたんにその前提が崩れてしま

い、データの取合いやデッドロックなどの問題が発生することがあります。これはCPUの数が4個から8個に増えた場合などにも発生する厄介な問題です。

　しかし、残念なことにソフトウェアテストでこれを解決するうまい手段は見つかっていません。並列処理に対応したデバッガや、いくつかの並列処理テストを支援するツール、SPINなどのモデルチェッキングツールによるデッドロックの検出がある程度です。

　一つわかっていることは、並列処理のパターンを数え上げると実際の製品規模のソフトウェアにおいては、すぐに天文学的数字に達してしまうということです。したがって、手作業でのテストにはあまり期待がもてないのではないかと筆者は考えています。今のところ、手作業でテストする場合は、並列処理を状態遷移やペトリネットに変換して、状態遷移と同様のテスト技法を適用するしかなさそうです。今後、マルチコアCPUのみならず、クラウドコンピューティングのテストでも重要となる分野ですので、例えば並列処理に特化したプログラミング言語などの技術開発が進むことを期待しています。

5.3▶本章のまとめ

　本章では、時間を意識したテスト設計について考えました。まずは、状態遷移図から状態遷移表を作成し適用不可(N/A)のイベントを含めて網羅的にテストする方法について説明しました。

　その後、Nスイッチカバレッジの考え方でイベントにより壊れた内部的な問題の顕在化方法について考えました。また、GIHOZによるテストケース作成手順について説明しました。

　状態遷移のテストについては、技法はある程度考えられているのですが、実際の製品に適用しようとした瞬間に教科書どおりにはいかない困難にぶつかります。そこで、「ハードウェアの状態」「ソフトウェアの状態」「外の世界の状態」に分けて考えること、そして、組合せテストの延長線上として捉えることができるということについて説明しました。

　最後に、状態遷移を超えて、並列処理の問題について議論しました。並列処理の問題は、マルチコア CPU へハードウェアが変化しただけで、既存のソフトウェアにいっさい手を加えていなくても発生する問題です。それまでまった**く問題なく動作していたシステムがハードウェアを変えた瞬間に突然ハングアップやデータ消失といった重大問題を引き起こす可能性があります。**

　テストだけでなく、アーキテクチャや設計、そして開発段階でのモデルチェッキングなどを総動員して対処する必要があります。

演 習 問 題

5.1

　あるカーオーディオの音楽 CD 再生装置の仕様は以下のとおりである。状態遷移図、状態遷移表、関係行列、1 スイッチカバレッジ表を作成しなさい。

　カーオーディオには、4 つのボタン［<］［>］［Repeat］［Eject］がついている。カーオーディオの動作は次のとおり。

　　(ア)　CD 挿入により通常再生モードとなり音楽再生が開始。

　　(イ)　曲送りボタン［<］［>］により前後の曲に移動。

　　(ウ)　リピートボタン［Repeat］によりリピート再生モードに移行。

　　(エ)　リピート再生モードで、もう一度リピートボタンを押すと通常再生モードに戻る。

　　(オ)　Eject ボタン［Eject］を押すと CD が排出される。

　※リピート再生モードとは、再生中の曲を繰り返し再生するモードのことである。

　※［一時停止］、［停止］、［早送り］、［早戻し］機能はない。

5.2

　ある動物園の券売機の仕様は以下のとおりである。状態遷移図を作成しなさい。

　券売機には、3つのボタン［小人］［大人］［返金］がついている。小人は100円、大人は150円である。券売機の動作は次のとおり。

　㋐　コインは100円しか受け付けない。

　㋑　100円以上投入された状態で［小人］ボタンを押すと「小人用チケット」が排出される。ただし、このとき釣り銭があっても［返金］ボタンを押すまで釣り銭は出ない。

　㋒　150円以上投入された状態で［大人］ボタンを押すと「大人用チケット」が排出される。ただし、このとき釣り銭があっても［返金］ボタンを押すまで釣り銭は出ない。

　㋓　［返金］ボタンを押すと入金したお金が戻る。

※入園チケットと50円玉は券売機中に無限にあると考えてよいとする（これらの不足は別途、エラー処理系テストで実施するものして、今回は考慮対象外とする）。

※券売機にお金が残った状態でコインの追加投入やチケットの連続購入は可とする。例えば、先に100円を3枚投入し、［小人］チケットを連続して3枚購入することができる。

第6章

多次元の品質

　私が品質管理を支持するのは単に統計が応用されているから
だけではなく、品質を制約としてコストを最小化するのではな
く、コストを制約として顧客価値を最適化する態度である。

椿 広計『Quality を目指す Virtue』

　ソフトウェアは、非常に複雑な構造をもっています。世の中にソフトウェアほど複雑な人造物は存在しないのではないでしょうか？　『グイン・サーガ』という栗本薫の長編小説があります。正伝第93巻が発行された2004年4月に3022万5000文字の「世界最長の小説」としてギネスブックへ申請されたほどです（残念ながら1冊にまとめられた作品ではないという理由で却下されてしまったそうですが……）。最終的に正伝130巻、外伝22巻を数えるこのヒロイックファンタジーは、152巻×280頁×18行で計算すると、77万行となります。世の中で巨大と呼ばれるソフトウェアは100万行以上といわれています。携帯電話は1000万行を超え、ジェット機には4000万行のソフトウェアが搭載されているそうです。ソフトウェアがいかに巨大で複雑な構造物か想像していただけると思います。

　さて、ソフトウェアが複雑だからこそテストも一筋縄ではいきません。ある手法を用いてテストして、これだけの網羅性をテストしたからOKという単純な話にはならないのです。

　冒頭で、「ソフトウェアほど複雑な人造物は存在しないのでは？」と書きましたが、人造物でなければ複雑なものはいくらでも存在します。例えば、最も身近な存在である、人間の構造は現有のどのようなソフトウェアより複雑な構造をもっています。ということは、ソフトウェアより複雑な構造をもつ人間のテストについて考えてみればソフトウェアテストへの糸口が見つかるかもしれません。

6.1 ▶ 人間に対するテストとソフトウェアテスト

例題 6.1

　人間に対してその能力や欠陥を見つけるために実施するテストにはどのようなものがありますか？

　　できるだけ多くリストアップしなさい。

　人間へのテストというと学校で受けたテスト、すなわち、日々の小テスト、中間試験、期末試験などを思い浮かべるかもしれません。これらは、主に科目ごとに、新たに学習した範囲を中心に、人間の記憶力や読解力、音楽や芸術性、技術能力などをテストするものでした。

　これらのテストとは別に、学年が上がるたびに、身体測定、体力測定、健康診断をしましたね。身体測定では、身長、体重、胸囲といった外から簡単に測れるものを測定しました。体力測定では、反復横とび、垂直跳び、背筋力、伏臥上体反らし、踏み台昇降運動といったように、運動を実際に行い、その結果を測定しました。健康診断では視力・色覚・聴力検査があり、聴診器を当てて心臓の音を確認するとともに、熟練の医師による問診がありました。

　さらに、大人になれば、人間ドックに行き、半日から2日程度をかけて、血液検査やバリウム検査、内視鏡による検査があり、さらには、ルームランナーに乗って走ったうえで心電図の波形を診る。また、造影剤を点滴して診る脳ドックに至るまでさまざまな検査メニューによって健康状態を測定します。

　ここで、人間ドックで行う検査で重要な点は、検査項目がやみくもに用意されているのではなく「病気」を先に想定し、その病気が起こるならこの辺に変化が現れているだろうと予測し、そこを検査することで病気の早期発見を実現していることです。

　さて、人間の脳や体は非常に複雑ですから、これらのようにさまざまな測定方法を用いて、さまざまな特性を測ります。表6.1は、人間に対するテストをソフトウェアのテストに対応させたものです。以下に、それぞれを比較してみましょう。

（1）　小テスト・中間テスト・期末テスト

　小テストのようなテストは、ソフトウェアテストでは新たに作り込んだソフトウェアに対する小さな確認テストに対応するでしょう。開発者自身がプログ

表6.1　人間に対するテストとソフトウェアテスト

人間に対するテスト		ソフトウェアテスト	
種　類	目　的	種　類*	目　的
小テスト・中間テスト・期末テスト	新たに学習した範囲を中心にしたテスト	派生開発テスト テストレベル	追加開発を中心にテスト 段階的テスト
科目ごとのテスト	それぞれの分野の能力を確認	テストタイプごとのテスト	ソフトウェアの特性を中心にテスト
身体測定	大まかな発育状態の確認	静的テスト	コード量や複雑度などを静的にテスト
体力測定	運動能力を結果で判定	動的テスト	動かしてみて振る舞いを確認するテスト
健康診断・人間ドック	病気の有無を予測しながら確認	テスト専門者によるテスト	バグの検出と品質の確認

＊この表のソフトウェアテストの「種類」には、「テスト対象の種類」「テストタイプ」「テストレベル」「テスト組織」が混在しています。さまざまな軸でテストを分解していることに注目してください。

ラムの開発と同時に（TDD と呼ばれるテスト駆動開発などでは開発前に）小さな検証用のプログラムを作成し、その小さな範囲できちんと動くことを確認します。また、清水吉男氏が名づけた派生開発テストも、追加分に対するテストを影響度を考察しながらテスト設計します。

　中間テスト、期末テストになると、統合テスト、システムテストのように、確認する範囲が広がります。例えば、歴史の試験でいえば、小テストであれば「1860 年に井伊直弼が水戸藩や薩摩藩の浪士に桜田門外で暗殺された」ことを知っていれば問題ないでしょう。しかし、中間テストにおいては、桜田門外の変では、なぜ、水戸藩や薩摩藩の浪士が暗殺を企てたのか、攘夷派への弾圧と話がつながらないと点はもらえないでしょう。期末テストでは同じ桜田門外の変を幕末という大きな歴史の流れのなかで捉える必要があります。

　ソフトウェアテストでも同じです。ユニットテストでがっちりとコンポーネントの基本動作を確認し、統合テストでそれらのつながりを確認する。システムテストではさらに大きな視点で全体の動きをテストしていきます。

(2)　科目ごとのテスト

　学校のテストは国語・数学・英語といったように科目ごとに試験問題がつくられます。その人のもっているさまざまなジャンルの才能を確認するためです。ソフトウェアテストも、機能テスト、操作性テスト、性能テスト、負荷テストといったように品質特性に対応して視点や目的を変えたテストを行います。これらをテストタイプと呼びます。

　ただし、ソフトウェアテストの場合は、その商品の価格から割り出される開発やテストにかけられるコスト（原価）から既に信頼性や性能の目標値が決まっているでしょうから、その目標値を達成していることを検証するテストが中心になります。

(3)　身 体 測 定

　身体測定に対応するソフトウェアテストは、静的解析と呼ばれるものです。ソフトウェアのコード量や複雑度を、ツールを使って測定し、他の人のコード（身体測定でいえば同学年どうし）と比較することで異常を早期に検出することができます。これらは、測定に時間がかかることもなく、その後のテストの基礎的データとなります。例えば、身体測定で求めた身長と体重から BMI 値と呼ばれる体格指数を計算することで肥満かどうかを判断できます。同様にソフトウェアテストにおいても、コード量に対するバグ数を比較することでバグが多いモジュールと少ないモジュールを判別できるのです。

(4)　体 力 測 定

　身体測定（身長、体重、胸囲など）が、測定時に体の動きを止めて静的な測定をするのに対して、体力測定は、反復横飛びできた回数や、踏み台昇降した後

の脈拍数の変化といった動的なテストをしています。ソフトウェアテストにおいても、ソフトウェアを実際に動かしてその振る舞いを確認することが欠かせません。

　いくらCTスキャンをして心臓の形状を確認し、心電図をつけて心臓の動きを検査したとしても、実際に走ったときに胸が苦しくなるかどうかは、走って確認したほうが確実です。ソフトウェアテストにおいても静的解析でワーニング(警告)がゼロで複雑度が低かったとしても実際に動かして確認することに勝るものはありません。なぜならば、心臓は肺の機能や、血液中の赤血球の量などによって動きが変わるからです。**ソフトウェアもその機能だけ完全であっても周りの機能やデータの負荷による影響は避けられない**からです。

(5)　健康診断・人間ドック

　最後に、健康診断や人間ドックです。ここでは、血液検査やレントゲン、バリウムや内視鏡といった検査が行われます。これらの検査は、闇雲に行われているのではなく、対象年齢ごとに発症率が高くなる病気に対してそれを予防的に見つけるという役割をもっています。肺炎の死亡率が高いから胸部レントゲンを撮ります。脳卒中や心筋梗塞にならないように血液中の悪玉コレステロールの量を測定します。また、人間ドックでは検査と同じくらい問診が重要だといわれています。検査結果と自覚症状や生活習慣と照らし合わせることによって医師の長年の経験から病気の有無を判断することができるからです。

　ソフトウェアテストにおいても同様で、ソフトウェアテストの専門家が、静的解析やそれまでの動的テストの結果を元に、発生しそうなバグを予測しそれを見つける(あるいは、それが存在しないことを証明する)テストを実施します。また、人間ドックにおいて問診が重要なように、ソフトウェアテストにおいても開発者へのヒアリング(聞き取り)が重要ですし、それにもとづいて探索的に深くテストをしていくことが大切です。

（6）　テストの効率性

　このように、ソフトウェアテストは、人間に対するテストに非常によく似ています。どちらも複雑なシステムですからさまざまなテストをとおして必要となる情報を得るしかないのかもしれません。

　ここで、効率性や経済性についても確認してみます。人間に対するテストでは、子供の頃に体力測定を行い大人になると今度は人間ドックなどの病気をターゲットにしたテストを行っています。これは、子供の頃には疾病にかかる率が低いからにほかなりません。また、健康診断の検査ツールはどんどん良くなっていて、エコーや CT を使用して、人間にダメージを与えずに体の奥まで検査できるように進化しています。

　ソフトウェアテストにおいても経済的に実施することはもちろん、ツールを整備し簡単に多くの情報を取得できるようにすべきでしょう。

6.2▶ソフトウェアテストとは何か

　本書では、点に始まり、線・面・立体・時空とテストの複雑度を増やしてきました。また、本章では、人間に対するテストと比較することで、適切な時期に適切なテストを行うこと、また、さまざまな見方をすることが大切であるということを説明しました。

　図 6.1 は、筆者がイメージするソフトウェアテストの概念図です。大きな丸は、テスト対象を表しています。テスト対象はプログラムコードや、パソコンにインストールするアプリケーションソフトウェアなど、テストしたいものを指しています。しかし、よく考えてみるとソフトウェアを利用するときには、プログラムコードやアプリケーションソフトウェアをそれほど意識しません。意識するのはそれらをインストールするときや、起動するときくらいです。ソフトウェアを使っているときには、このボタンを押したらこういう機能が動くといった振る舞いを意識します。つまり**白色で示された構造の側面と黒色で示**

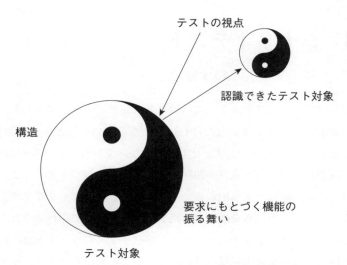

図6.1　ソフトウェアテストの概念図

された振る舞いの側面を併せ持つものがテスト対象なのです。

　そして、テスト対象は一般的に複雑ですから、さまざまな視点から眺めるということをします。さまざまな視点から眺めるということは多次元であるということにほかなりません。

　さて、図6.1をもう一度見てください。この白と黒の合体で表された図形がもし、立体だったとしたらどのような形をしていると思いますか？　ボールを想像しますか？　それとも金太郎飴を切ったようなものを思い浮かべますか？

　一説によると、太極図と呼ばれるこの図形は、2匹の魚が水の中で追いかけっこをしている姿をデザインしたものといわれています。一つの方向から眺めただけでは決してその姿は想像できないと思います。ソフトウェアテストも同様です。

6.3 ▶ シナリオテスト

（1） シナリオテストへ科す制約

　前節で、ソフトウェアテストは基本的に多次元のテスト、すなわち、さまざまな視点からのテストを実施しなければならないということを確認しました。したがって、**第5章**までで学習したすべての知識を動員する必要があります。ところが確認したい視点と視点の関係をマトリクスにしてテストしようとするとすぐにテスト回数は天文学的数値になりテストしきれなくなります。

　そこで、さまざまな視点を織り込んだシナリオを書いてそれをテストするという方法があり、それをシナリオテストと呼びます。シナリオとは、演劇のシナリオと同じで場面をストーリー（物語）としてまとめたものです。シナリオに闇雲にテストの視点を入れ込むとマトリクスになってしまいますから、筆者は次の2つの制約を設けています。

　一つ目の制約は、**人の動きを中心にシナリオを作成する**ということです。そもそもソフトウェアは人を助けるためにつくられるものですから、ある人が抱えている問題がソフトウェアを使用することで解決することを確認すればよいわけです。

　二つ目の制約は、**狭く深くシナリオを書く**ということです。広く浅くはHAYST法やペアワイズのテストで確認済みのはずです。つまり、基本的な動作や2機能間、3機能間の組合せまではある程度保証できていると仮定したうえで、問題が出そうなところや重要な部分を狭く深く確認していくのです。

（2） 抽象的でなく具体的に記述

　それでは、次の例題を考えてみましょう。

例題 6.2
　カーナビのシナリオテストを書きなさい。

　カーナビのシナリオということですから、カーナビを用いた物語をつくれば
よいということになります。このときに一つ目の制約から人を中心とした物語
にすること、二つ目の制約から横に広がらず縦に深く話を進めることに重点を
置くということです。

　シナリオをつくるときに大切な要素があります。それは、いつ(When)、ど
こで(Where)、誰(Who)を明確にするということです。**第4章**で説明したと
おりこの3つの要素は場面、すなわち、ユーザーシーンを設定してくれます。

　シナリオテストのシナリオを書くときにはもう一つ重要なテクニックがあり
ます。それは、「固有名詞や定数値を使う」ということです。

　例えば、シナリオを次のように書き出します。

　　　「大船に住む仙谷さんが、8月1日の土曜日に箱根にゴルフに行くため、
　　　朝5時に起きて車に乗りました。そして、一緒にプレイすることになって
　　　いる、横浜に住む吉村さんの住所をカーナビでセットしました」

　下線を引いたところが固有名詞や定数値にあたります。なぜ、固有名詞や定
数値を使ったほうが良いのでしょうか?　上記のシナリオを、固有名詞を用い
ずに書き直すと次のようになります。

　　　「A市に住むBさんが、夏のある日の休日に著名な観光地Cにレジャー
　　　に行くため、朝早くに起きて車に乗りました。そして、一緒にプレイする
　　　ことになっている、D市に住むEさんの住所をカーナビでセットしまし
　　　た」

　どうでしょうか。固有名詞や定数値で書かれたほうが、より情景が浮かびま
せんか?

　考えてみると、シナリオテストをつくる人の頭の中では、「大船」と結び付
いているものはあっても、抽象化された「A市」と結び付いているものはな
いのです。「大船」から「横浜」へ行くといったシナリオを読んだ瞬間に、こ
のシナリオには書かれていない情景が浮かび、その中にもし、テストとして加
えたほうが良い要因が見つかればシナリオを拡充することができるのです。
「A市」から「D市」では何も思い浮かばないのでシナリオは成長しません。

　「大船」で「8月1日」の「朝5時」という具体的な情報から、それなら日の出直後で、まだ太陽は昇っていないと想像し、「カーナビ起動中にライトをつけることで、起動中にカーナビを夜間モードに切り替える」というテストをしたくなるかもしれません。狭く深くありそうなことを加えながらシナリオを成長させていくのです。

（3）　例外シナリオ

　このようにすることで、いわゆる正常系のシナリオをつくることができます。次にすべきことは、そうして作成したシナリオに一つずつ、エラーを起こし回復させて次に進むような記述を追加して、例外シナリオをつくることです。

　　「大船に住む仙谷さんが、8月1日の土曜日に箱根にゴルフに行くため、朝5時に起きて車に乗りました。そして、一緒にプレイすることになっている、横浜に住む吉村さんの住所をカーナビでセットしようとしたのですが、入力したい住所がメニューに現れません。そういえば、市町村合併で住所名が変わったと言っていたことを思い出しました。仕方がないので、吉村さんの利用している駅名を目的地に設定し走っていきました。何とか記憶を頼りに吉村さんの家に到着しエンジンを切ったのですが、蒸し暑くなってきたのでエアコンをつけた状態で呼び出しました。次にゴルフ場を電話番号でセットしようとしたのですが、カーナビのデータにはなく、仕方がないので大まかな住所と地図の拡大でゴルフ場を探してセットし、スタートボタンを押しました。走り出すと、飲み物が欲しくなり、カーナビで近くのコンビニを検索して寄ることにしましたが、コンビニの隣にあるファミレスボタンを押してしまいました……」

　上記のように、**わざとちょっと変わった行動や失敗を犯すシナリオをつくり、そこから回復させながらユーザーのしたいことを継続させる**ようにするわけです。ポイントは、

　　　「開始→失敗→回復→失敗→回復→失敗→回復→目的達成」

というように失敗を繰り返しながらも最終的には目的を達成するというシナリ

オにすることです。カーナビであればエンジンを切って電源を落とせばリセットされることでしょう。しかし、リセットをしながら目的を達成するのと、失敗から回復しながら目的を達成するのとは大きく違います。狭く深くテストをするということをするためにもシナリオテストにおいて、**リセットは厳禁**と考えてください。

6.4▶受け入れテスト

　ソフトウェア開発部門や評価部門が手を尽くしテストをした後に、最後にユーザー受け入れテストをする場合があります。これは、エンタープライズ系の個別ソフトウェアなどの場合に多いのですが、ユーザーのもつデータをお借りできないことがあるからです。当然、擬似データをつくってそれでテストをするのですが、受け入れテストで本稼動前にユーザーの実際のデータを流してみるということは非常に重要です。

　また、バックアップ＆リストアの確認はその機材をユーザーしかもっていない場合が多いものです。バックアップ時のデータ量と、バックアップ速度との関係で決められた時間内にバックアップが終了することのテストをユーザーのシステムを用いて行うことが必要です。それから、顧客環境ではグレードの高いハードウェアを使用していることから並列処理の問題が出てこないか否か、意識的にその辺を狙った業務を適用してもらいます。

　受け入れテストでは、ユーザー環境でしか確認できない項目を明らかにしたうえで効率よく短い期間でテストを終えるようにすることが求められます。お客様に依頼するテストですからなかなか強く頼めないということもあるかと思いますが、なぜ、ユーザー環境でのテストが必要なのかについて十分時間をかけてお客様と話し合うことによって理解を求めてください。リリース後の本稼働で問題が出るリスクを下げるために何をすべきか全員の知恵を集めることが大切です。

6.5 ▶ 品質保証のテスト

（1） リグレッション（デグレード）と回帰テスト

　考えうるテストをすべて終え、ユーザー環境での動作確認も終ったとします。このとき、何も問題が出ていなければリリースすることでしょう。

　しかし、発見したバグはすべて直したが、直すことによって新しいバグを作り込んでしまったかもしれないという疑惑が残ることがあります。いわゆるデグレードがないことを確認する回帰テストの十分性に対する懸念です。バグを直すためにはコードを修正するわけですから、修正ミスというものが必ず発生します。そもそも、**つくることが難しい箇所でバグが出るわけですから直すことも難しい**のが道理です。

　ソフトウェア全体として 1,000 行当たり 1 件のバグしか発生していないとしても、修正したコード 1,000 行当たりのバグ発生件数は 1 件ではとても収まらないことでしょう。

　この問題に対する本質的な解決策は、プログラムに対する自動テストコードを充実させることです。筆者の経験では、すべてのプログラムコードに対して対応する充実したテストコードがありそれが自動的に実行できる環境では、著しくデグレードを抑えることができました。もちろん、テストコード自体の品質が高く、境界値を狙っていることや、C1 カバレッジを高率でカバーしているようなものであることが前提です。

　しかし、自社のコードのみで成り立っているソフトウェアならともかく、他社のライブラリを使用しているものや、クラウドコンピューティングのような、組み合わせて使用するシステムの品質が自社では確認できないものをシステムの一部として使っているケースでは、自動テストを十分用意できるとは限りません。そのようなケースでは、サンプリングテストや統計的テストによって、品質を保証することになります。

（2）　サンプリングテスト

　回帰テストとして、これまで実施したテストをすべてやり直す時間がないため、サンプリングしてテストすることを考えます。つまり、たくさんのテストケースからランダムに選択したテストケースを実行することで回帰テストを代用しようというのです。

　サンプリングテストでは、もし、テストをすべて実施したとしたら、どのくらいの数のバグが発見されるだろうと、バグ数を予測するところがポイントとなります。次の例題を考えましょう。

> **例題 6.3**
> - 全テストケース数(Tt)：1,000 件
> - ランダムサンプリングして選んだテストケース数(Ts)：100 件
> - 上記 100 件のテスト結果(Es)：7 件のバグを発見
>
> 　上記のケースで全テストケースを実施したら何件バグが発見されたか計算しなさい。

　問題文の中に一つ注目してほしい言葉があります。それは「ランダムサンプリング」という言葉です。本章の冒頭でソフトウェアテストではさまざまな視点からテストすることの重要性について書きました。したがって、ここで、ランダムといったときに、視点を無視してランダムなテストを行うか、そうではなく視点ごとにランダムなテストを実施するかを選択しなければなりません。上記でいえばすべてのテストケースに通し番号をつけてそこからランダムに10%のテストをサンプリングするのか、テストタイプごとにランダムに選ぶのかという選択です。

　テストタイプごとにランダムに選択する方法を層別サンプリングと呼び、そのほうが良い結果を出すことが多いものです。さらに、すべての機能を網羅するときに、正常系のテストだけでなく異常処理系(エラー系)のテストもサンプ

ルとして含めるとよいでしょう。いずれにしても、サンプルとして選んだテスト
トの網羅性と粒度についてレビューするようにしてください。

（3） 探針テスト

さて、問題文に戻ると、10%サンプリングをして7件見つかったわけですか
ら、もし全部テストしたら、総バグ数の期待値(Ep)は、

$$Ep = Es \times (Tt/Ts) = 70 件$$

ぐらい見つかっただろうという予測を立てることができます。

ところで、今、1,000件中、100件実施して7件のバグが出たので全体とし
て70件と予測しました。この方法で予測すると、1,000件中、500件実施して
35件だったケースでも70件、1,000件中900件実施して63件のバグが出た場
合も70件の予測になります。

同じ70件という予測結果になっていますが、たくさんテストした場合のほ
うが、信頼性が高い数値と感じますよね。統計的な計算を行うと、この違いを
数値で表現することができます。これを日立製作所は、探針テストと名づけま
した。

ここで、問題文に信頼率というものを追加します。信頼率とは××%の確率
でこうなるという数値です。例えば、

$$信頼率(1-\alpha)：95\%$$

とします。このときに、上限不良率Puは次の式で与えられます。

$$Pu = \beta(1-\alpha/2, r+1, n-r) = 0.1389$$

MicrosoftのExcelでは、「=BETAINV(1-(1-0.95)/2,7+1,100-7)」とい
う式になります。次に、下限不良率Plは次の式で与えられます。

$$Pl = \beta(\alpha/2, r, n-r+1) = 0.0286$$

Excelでは、「=BETAINV((1-0.95)/2,7,100-7+1)」という式になります。

この、PuとPlを使用して全体のテストケース数を掛ければ上限のバグ数と
下限のバグ数を推定することができます。

上限のバグ数 = Pu × N = 0.1389 × 1000 = 139

下限のバグ数 = Pl × N = 0.0286 × 1000 = 29

　つまり、問題文のケースでは、もし全部テストしたら、95％の確率で29〜139件の間にバグ数が収まるだろうと推定できます。なお、この計算式が入ったExcelシート（QP.xls）を次のウェブサイトに格納しましたので"QP.xls"で検索してご利用ください。

　https://note.com/akiyama924

　本ファイルをダウンロードして開くと**図6.2**のようになります。C1〜C4のセル（黄色いセル）にサンプリングテストの内容を入力してください。正規分布による近似法と、F分布による方法と、ベータ分布による方法で計算した結果

	A	B	C	D
1		全テストケース数(N):	5000	←入力
2	元データ	ランダムサンプリングして選んだテストケース数(n):	500	←入力
3		上記のテスト結果＝探針で検出したバグ数(r):	30	←入力
4		推定確率(1−α)：通常は95%とするためこのまま	95%	←入力
5				
6		標本不良率(p)	0.06	
7	正規分布	u(α)：(1−α)%で区間推定したい時	1.959963985	
8	による	母不良率の信頼限界の上限値：Pu = p + u(α) $\sqrt{(p*(p-1)/n)}$	0.080816257	
9	近似法	母不良率の信頼限界の下限値：Pl = p − u(α) $\sqrt{(p*(p-1)/n)}$	0.039183743	
10		上限のバグ推定数	404.1	
11		下限のバグ推定数	195.9	
12				
13		v1 = 2*(r+1)	62	
14		v2 = 2*(n−r)	940	
15		v1' = 2*(n−r+1)	942	
16		v2' = 2r	60	
17				
18	F分布による	F((α/2), v1, v2)	1.400254677	
19	方法	F'((α/2), v1', v2')	1.495751038	
20				
21		Pu = v1*F/(v2+v1*F)	0.084548554	
22		Pl = v2' / (v2' + v1'*F')	0.040844182	
23				
24		上限のバグ推定数	422.7	
25		下限のバグ推定数	204.2	
26		中央値	313.5	
27				
28	ベータ分布	Pu = β(1−α/2, r+1, n−r)	0.084548554	
29	による	Pl = β(α/2, r, n−r+1)	0.040844182	
30	方法			
31	（最も計算誤差	上限のバグ推定数	422.7	
32	が少ない）	下限のバグ推定数	204.2	
33		中央値	313.5	

図 6.2　QP.xls を開いた画面

が表示されます。正規分布と F 分布は参考値であり、実際に使うときにはベータ分布の結果を使ってください。

赤色のセルにバグの区間推定の結果が表示されます。

次の例題を考えましょう。

例題 6.4
- 全テストケース数(Tt)：1,000 件
- ランダムサンプリングして選んだテストケース数(Ts)：900 件
- 上記 100 件のテスト結果(Es)：63 件のバグを発見
- 信頼率$(1-\alpha)$：95％

上記のケースで全テストケースを実施したら95％の確率で何件〜何件の間にバグが収まるか計算しなさい。

同じ式を当てはめて計算してください。結果は、95％の確率で54〜89件の間にバグ数が収まると推定されます。100件しかテストしていない場合と比較して明らかにバグ件数の予測精度が高くなっています。

最後に一つ留意点を！ これはあくまでも手持ちの全テストケースに対してのバグ件数の予測です。したがって「手持ちのテストケース」の質が悪ければリリース後、予測を超えてバグが発生する可能性があります。サンプリングテストの成否はサンプリング対象の全テストケースの質にあることを忘れないようにしてください。したがって、筆者は、回帰テスト以外でのサンプリングテストは慎重に行うべきと考えています。

（4） 統計的テスト

これまで、説明してきたソフトウェアテスト技法は、バグ検出を目的とするものがほとんどでした。また、見つかったバグはその原因が速やかに判明しバグを修正する、または、制限事項とするなどの対策をとることが前提でした。しかし、ソフトウェア開発・評価の現場ではすべてのバグの原因がわかるとは

限りません。次の例題を考えてみましょう。

例題 6.5

　リリース直前になって、原因不明のクラッシュが発生した。リリース版のソフトウェアだったので、エラー解析に必要となる動作ログも十分なデータを残すことができていなかった。再現テストを何度も繰り返すものの、一向に再現しないので諦めかけていたところ、また、同様のクラッシュが発生してしまった。

　原因究明のため、ソフトウェアを解析に十分なログがとれるデバッグ版に入れ替えてさまざまなオペレーションをツールで自動実行させてみたが、今度は3日間連続稼動させてもクラッシュは発生していない。

　デバッグ版では発生せずに、リリース版にすると稀に発生する問題は原因解析が困難です。本件もどうやら最終的にはリリース版で自動実行させてクラッシュを起こし、その現象から該当しそうなソースコードを総点検するしかなさそうです。

　テスト担当者としては、出荷判定会議へ、このクラッシュ問題について適切な判断を行うために有効な情報を提供しなければなりません。そのようなときに統計的テストの考え方が使えます。

　統計的テストでは、まず、利用モデルというものをつくります。利用モデルの一つは、状態遷移図に遷移確率を入れたものです。遷移確率の決め方にもさまざまな方法があるのですが、その一つは、オペレーショナルプロファイルを作成するというものです。オペレーショナルプロファイルとは利用現場でそれぞれの操作がどのくらいの頻度で実施されているかを調査し、それを元に遷移確率を算出する方法です。このようにすることで、遷移確率付きの状態遷移図を描くことができます。

　図 6.3 は、遷移確率付きの状態遷移図です。この状態遷移図にはループはありませんが、ループがあっても問題なく統計的テストのパスは作成できます。

A～F の状態では入力があり何らかのトリガーによって次の状態に遷移するとします。このような状態遷移図ができれば、あとは、遷移確率に従って多数のテストを生成します。例えば、100 回のテストを実行するのであれば、遷移確率に従ってテストすべき件数は次のようになります。

- ● → A → B → F → ◎ ：70 回
- ● → A → C → D → F → ◎：18 回
- ● → A → C → E → ◎ ：12 回

実際に信頼性を測定する場合は、100 回という少ないテスト回数ではなく、100,000 回といった信頼性の測定に十分な件数をツールを使用し、実施します。

さて、ここで状態 B で何かを入力して状態 F に遷移する途中で 100 回当たり 1 回クラッシュが起きたとします。すると図 6.3 の状態遷移図は図 6.4 のよ

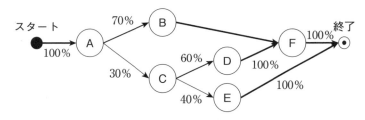

図6.3　遷移確率付きの状態遷移図

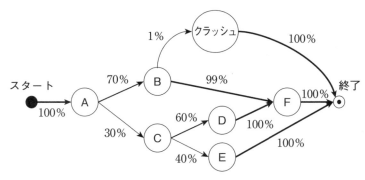

図6.4　クラッシュ発生後の状態遷移図

うに変化します。

　図6.4は、クラッシュ発生後の遷移確率付きの状態遷移図です。ここでは、100回テストしたところ、1回だけ状態Bでクラッシュが発生したため、BからFへ100％の確率で遷移していた状態遷移グラフが、Bからクラッシュへ1％、BからFへ99％に変化しています。

　つまり、図6.4で示された新しい状態遷移図からオペレーショナルプロファイルが正しければ、100回中1回状態Bでクラッシュすることがわかります。AからBへ遷移する確率が70％なので、全体としては0.7％の確率でクラッシュするとの信頼性であることが確認できました。あとは、それが市場で許されるかどうか出荷判定会議で議論して決定することになります。テストとしては、必要十分なテスト（例えば100,000回の自動テスト）を実施し、どこの状態でどのような入力によって、どのくらいの確率で障害が発生するのかの情報を提供することが大切です。これは、ソフトウェアの信頼性を定量的に示すものだからです。

6.6▶本章のまとめ

　本章では、多次元の品質と題し、さまざまな視点でテスト対象をテストすることの重要性について説明しました。また、視点の爆発を狭く深く追うことでカバーするシナリオテストや、品質を保証するためのサンプリングテスト、信頼性を確認するための統計的テストについて説明しました。

　筆者は、テスト技術者の"ものの見方"とは、部分的ではなく全体・包括的に複数の要素を捉えること、また、演繹ではなく帰納で判定すること、手段ではなく目的に目を向けること、企業ではなくお客様の目線で考えること、独立ではなく相互関連性を発見すること、構造に加え振る舞いを評価することと考えています。

　ソフトウェアテストのドリルはこれで終わりです。これらを実践してテストが上手になったら、テスト設計するだけで仕様の不備を発見することや、バグ

がありそうな箇所を見つけることができるようになることでしょう。そうなっ
たら、今度は、仕様書ができた直後に、テスト設計を実施し、その結果わかっ
た問題点や心配事を開発者にフィードバックしてください。

　そうすれば、開発者はプログラミングの前に気をつけなければならない点に
気がつきますので、バグの総数を減らすことができます。

　また、テストをやりやすくするアーキテクチャについて開発者とともに議論
してください。開発者とテスト担当者がお互いの仕事を理解し合うことで全体
が良くなっていくはずです。筆者は品質向上に対して全員のベクトルが合った
ときに、その組織のもつ最大の力が発揮されることと信じています。

演 習 問 題

6.1

　海外旅行をするときに、われわれは税関で出入国手続を行う。これも一種の
人に対するテストといえるが、対応するソフトウェアテストはどのようなもの
かを考えなさい。

6.2

　洗濯機のシナリオテストを書きなさい。

参 考 文 献

第 1 章

1） 池田暁・鈴木三紀夫：『［改訂新版］マインドマップから始めるソフトウェアテスト』、技術評論社、2019 年

2） G. ポリア（著）、柿内賢信（訳）：『いかにして問題をとくか』、丸善、1999 年

第 2 章

3） 高橋寿一：『知識ゼロから学ぶソフトウェアテスト【改訂版】』、翔泳社、2013 年

第 3 章

4） ハーマン・マグダニエル（著）、岸田孝一（訳）：『デシジョン・テーブル入門』、日本経営出版会、1970 年

5） M. L. ヒューズ・R. M. シャンク・E. S. スタイン（著）、石尾登（監訳）：『テーブル化による思考整理学』、日本能率協会、1972 年

6） J. マイヤーズ・T. バジェット・M. トーマス・C. サンドラー（著）、長尾真（監訳）、松尾正信（訳）：『ソフトウェア・テストの技法 第 2 版』、近代科学社、2006 年

7） 松本正雄・小山田正史・松尾谷徹：『ソフトウェア開発・検証技法』、電子情報通信学会、1997 年

第 4 章

8） 吉澤正孝・秋山浩一・仙石太郎：『ソフトウェアテスト HAYST 法 入門』、日科技連出版社、2007 年

9） ソフトウェア・テスト PRESS 編集部（編）：『ソフトウェアテスト入門』、技術評論社、2008 年

10） 田口玄一：「信号因子に対する目的機能の評価(1)〜(4)」、『標準化と品質管理』、Vol. 52〜57、No. 3〜No. 7、1999 年

11） 田口玄一：『ロバスト設計のための機能性評価』、日本規格協会、2000 年

12） リー・コープランド（著）、宗雅彦（訳）：『はじめて学ぶソフトウェアのテスト技法』、日経 BP 社、2005 年

第 5 章

13） ボーリス・バイザー（著）、小野間彰・山浦恒央（訳）：『ソフトウェアテスト技法』、日経 BP 出版センター、1994 年

14） ボーリス・バイザー（著）、小野間彰・石原成夫・山浦恒央（訳）：『実践的プログラムテスト入門』、日経 BP 社、1997 年

15) ドロシー・グラハム、エリック・ファン・フェーネンダール、イザベル・エバンス、レックス・ブラック(著)、秋山浩一・池田暁・後藤和之・永田敦・本田和幸・湯本剛(訳):『ソフトウェアテストの基礎』、センゲージラーニング、2008 年

第 6 章

16) レックス・ブラック(著)、成田光彰(訳):『ソフトウェアテスト実践ワークブック』、日経 BP 社、2007 年

17) 清水吉男:『「派生開発」を成功させるプロセス改善の技術と極意』、技術評論社、2007 年

18) 保田勝通:『ソフトウェア品質保証の考え方と実際』、日科技連出版社、1995 年

19) 保田勝通・奈良隆正:『ソフトウェア品質保証入門』、日科技連出版社、2008 年

20) 誉田直美:『ソフトウェア品質会計』、日科技連出版社、2010 年

21) ジェラルド・M・ワインバーグ(著)、伊豆原弓(翻訳):『パーフェクトソフトウェア』、日経 BP 社、2010 年

索　引

◆著者紹介

秋山　浩一（あきやま　こういち）　博士（工学）
　1962 年生まれ。1985 年青山学院大学理工学部物理科卒業。同年富士ゼロック
ス㈱入社。現在、㈱日本ウィルテックソリューション　IT コンサルタント
　NPO 法人ソフトウェアテスト技術振興協会理事、日本ソフトウェアテスト技
術者資格認定委員会(JSTQB)ステアリング委員
　品質工学会正会員、日本品質管理学会正会員、情報処理学会正会員

【主な著書】
『ソフトウェアテスト HAYST 法　入門』(共著、日科技連出版社)
『事例とツールで学ぶ HAYST 法』(日科技連出版社)
『ソフトウェアテスト講義ノオト』(日科技連出版社)
『ソフトウェアテスト入門』(共著、技術評論社)
『基本から学ぶソフトウェアテスト』(共訳、日経 BP 出版)
『ソフトウェアテストの基礎』(共訳、センゲージラーニング)

ソフトウェアテスト技法ドリル【第 2 版】
テスト設計の考え方と実際

2010 年 10 月 5 日	第 1 版　第 1 刷発行
2021 年 5 月 10 日	第 1 版　第 14 刷発行
2022 年 10 月 26 日	第 2 版　第 1 刷発行
2023 年 2 月 15 日	第 2 版　第 2 刷発行

著　者　秋山　浩一
発行人　戸羽　節文

発行所　株式会社日科技連出版社
〒 151-0051　東京都渋谷区千駄ケ谷 5-15-5
DS ビル
電　話　出版　03-5379-1244
営業　03-5379-1238

検　印
省　略

Printed in Japan

印刷・製本　港北メディアサービス

© Kouichi Akiyama 2010, 2022
ISBN978-4-8171-9766-5
URL https://www.juse-p.co.jp/

ソフトウェアテスト講義ノオト

ASTER セミナー標準テキストを読み解く

秋山　浩一　著

　ソフトウェアテスト技術振興協会の「ASTER セミナー標準テキスト」（無料配付）を著者が講義するとこんなことを話す、という内容を書籍化したのが本書です。テキストは要点のみが記述されており、初学者がテキストだけで学ぶことは難しく、経験豊かな講師が解説することで、より実践的な知識となります。テキストを手元に置いて読み進めれば JSTQB FL シラバスの試験対策にも有効です。

品質重視のアジャイル開発

成功率を高めるプラクティス・Done の定義・
開発チーム編成

誉田　直美　著

　本書は、品質を重視したアジャイル開発の成功率を高める一揃いの手法群を提供するものです。これらはアジャイル開発宣言から 20 年を経て得られたアジャイル開発領域での知見と、ソフトウェア品質を専門とする著者の経験を加味して構築したものです。そのポイントは、プラクティス（開発習慣）、Done の定義（ウォーターフォールモデル開発での出荷判定に相当）、開発チーム編成にあります。

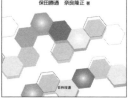

ソフトウェア品質保証 入門

高品質を実現する考え方とマネジメントの要点

保田　勝通・奈良　隆正　著

　本書は、「組織としてソフトウェアの品質保証をどのように確保すれば良いのか」という課題について、"初めて"品質保証を担当する方々にもわかるように、ツール、手法、指標、メトリックスなどについて例をあげながら、ていねいに解説しています。